KB274970

| 과학자가 들려주는 과학 이야기 61-70권

통합형 논술 활용노트 7

통합형 논술 활용노트 7

ⓒ (주)자음과모음, 2010

초판 1쇄 발행일 | 2010년 9월 20일
초판 4쇄 발행일 | 2013년 10월 18일

펴낸이 | 황광수
펴낸곳 | (주)자음과모음

주   간 | 정은영
편   집 | 장기선, 노희성, 김소희
디 자 인 | 이연경
제   작 | 시명국
마 케 팅 | 박현경, 김정혜, 유혜영
영   업 | 조광진, 안재임

출판등록 | 2001년 11월 28일 제313−2001−259호
주   소 | 121−840 서울 마포구 서교동 396−33번지
전   화 | 편집부 (02)324−2347, 경영지원부 (02)325−6047
팩   스 | 편집부 (02)324−2348, 경영지원부 (02)2648−1311
e−mail | jamoteen@hanmail.net
Home page | www.jamo21.net

ISBN 978−89−544−2287−1 (44400)
ISBN 978−89−544−2280−2 (set)

• 잘못된 책은 교환해 드립니다.

통합형 논술 활용노트

7

㈜자음과모음

차례

통 합 형 논 술 활 용 노 트

통합형 논술 활용노트란?

〈과학자가 들려주는 과학 이야기〉 시리즈의 독서 후 활동
으로 활용되는 통합형 논술 활용노트입니다.

노트 활용하기!

첫 번째, 책을 다 읽고 나서 노트에 있는 문제들을 풀어 보
도록 합니다.

두 번째, 모르는 문제는 그냥 넘어가도록 합니다.

세 번째, 문제를 다 풀었으면 책에서 답을 구해 보도록 합
니다.

네 번째, 문제 중에는 여러분의 개인적인 생각을 써야 하
는 부분이 있습니다. 자신의 생각을 논리적으로 적어 보도
록 합니다.

다섯 번째, 어떤 이론이든 한 번에 나온 것은 없습니다. 과
학자들이 실패를 거듭함으로써 얻어진 결과입니다. 여러
분이라면 어떤 가설을 세웠을지 생각해 보도록 합니다.

여섯 번째, 노트는 책이 아닙니다. 말 그대로 여러분이 쓰
고 싶은 것들을 연습장처럼 쓰면 됩니다.

일곱 번째, 노트의 맨 뒤에는 문제 풀이가 있습니다. 책을
찾아봐도 이해가 되지 않는 문제를 중심으로 보기 바랍니
다. 이 노트는 채점을 위한 시험이 아닙니다. 얼마나 책을
잘 읽었는지, 잘 이해하고 있는지를 스스로 확인해 보는
것입니다.

스탈링이 들려주는 호르몬 이야기

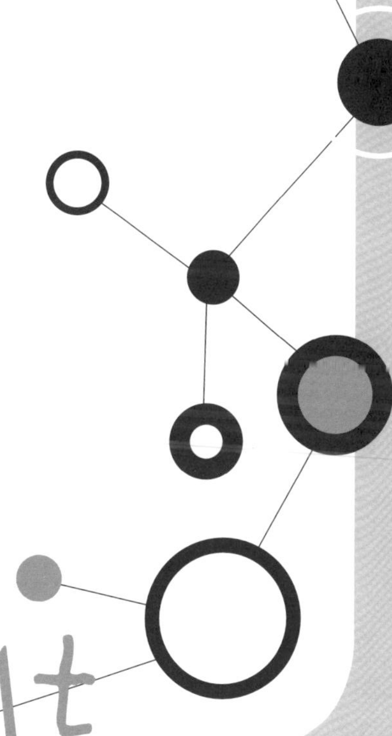

01 호르몬의 연락 기능

1 세상은 살아 있는 것과 죽어 있는 것, 즉 생물과 무생물로 구분 지을 수 있습니다. 생물과 무생물의 특징을 설명해 보세요.

2 생물의 특징 가운데 몸의 내부를 조절하는 능력을 조절 능력이라고 합니다. 우리 몸에서 자기 조절 능력을 가지고 있는 것은 어떤 것들인가요?

P OINT

생물과 무생물을 구분하는 가장 중요한 열쇠는 생물은 자기 몸의 내부 상태를 조절하는 능력을 가지고 있다는 점입니다.

③ 몸을 조절하기 위해서는 연락 수단이 필요합니다. 우리 몸에는 신경과
혈관이 연락 수단 기능을 합니다. 이들은 어떤 방법으로 연락을 할까요?

④ 외분비샘과 내분비샘은 어떻게 다른가요?

POINT

우리 몸에 필요한 기능으로 온도를 감지하는 센서, 온도의 변화에 대한 정보에 따라 판단을 내리
는 장치, 그 결과를 열을 내는 장치에 연락하는 수단이 필요하지요.

02 호르몬의 발견

1 스탈링과 베일리스가 실험을 하기 전까지는 우리 몸의 연락 수단으로 신경밖에 없다고 생각했어요. 이들은 어떻게 또 다른 연락 수단으로 호르몬이 있다는 걸 알아냈나요?

2 우리의 몸 안은 외부와 다른 하나의 독립된 세계를 이루고 있습니다. 몸 안에서 일어나는 모든 일은 뇌의 지시에 따라 호르몬이라는 연락 물질이 온몸을 조화롭게 조절하여 줍니다. 그렇다면 모든 생물에 다 호르몬이 있을까요?

동물이 새끼를 확인하거나 자신의 영역 표시를 하고, 또 짝을 유인하기 위한 신호에 사용하는 페로몬은 몸 밖으로 내보내는 화학 물질로 대부분 공기 중으로 퍼져 나갑니다. 사람에게도 페로몬이 존재한다면 어떤 장단점이 있을까요?

POINT

이자로 연결된 신경을 끊어 놓아도 십이지장에 음식물이 들어오면 이자에서 이자액이 나옵니다. 이 실험으로 우리 몸을 조절하는 데 이용되는 연락 수단으로 호르몬이 있음을 증명할 수 있습니다.

03 호르몬의 작용 방법

1 세포는 어떻게 호르몬과 만나 우리 몸 구석구석에 연락 수단으로 사용되는 걸까요?

2 우리 몸 안에는 다양한 종류의 호르몬과 수천 가지의 수용체가 있습니다. 그런데 세포의 수용체가 고장이 나면 어떻게 될까요?

P)OINT

호르몬은 혈액을 타고 지나가다 세포 바깥 부분의 짝이 서로 맞아 결합하는 것입니다.

04 호르몬의 분비 조절

❶ 호르몬은 세포에 매우 강력한 영향을 미칩니다. 그런데 뇌하수체에서 분비되는 성장 호르몬이 지나치게 많이 분비되거나 적게 분비되면 어떤 현상이 일어날까요?

❷ 우리가 건강 검진을 할 때 오줌 성분으로 검사하는 경우가 많은데, 이것은 어디에 근원을 둔 것일까요?

POINT

몸의 내부 상태를 일정하게 유지하도록 조절하는 것은 사이뇌(간뇌)입니다. 이 부분에서 우리 몸의 상태를 감지하는 호르몬이 세포에 많은 영향을 미치게 됩니다.

05 뇌하수체

① 우리 몸에서 호르몬을 분비하는 곳을 알아봅시다.

② 어린 시절 성장 호르몬 주사를 맞으면 난쟁이가 되는 것을 막을 수 있을까요?

06 호르몬의 기능

1 우리가 체온을 유지하는 데도 호르몬의 기능이 큽니다. 우리 몸이 춥거나 더울 때 어떻게 체온을 유지하나요?

2 사람들 중에는 유난히 추위에 강한 사람이 있습니다. 이런 사람은 왜 다른 사람과 다르게 추위를 타지 않는 걸까요?

POINT

우리의 몸이 '건강하다'는 것은 몸이 일정하게 잘 조절되는 상태를 말합니다. 특히 체온을 일정하게 하는 데는 호르몬의 역할이 큽니다.

3 당뇨병에 걸리지 않으려면 인슐린이 정상적으로 분비되어야 합니다. 그런데 혈액 속에 혈당량이 증가하면 사이뇌(간뇌)가 감지하여 자율 신경을 통해 이자에게 연락을 합니다. 이때 이자가 간세포에게 뭐라고 편지를 써야 하는지 여러분도 한번 써 보세요.

 07 호르몬과 스트레스

1 스트레스를 받게 되면 부신 속 부분은 자율 신경의 조절을 받아 호르몬을 만듭니다. 여기서 생기는 아드레날린과 노르아드레날린은 어떤 일을 하나요?

2 만약 여러분에게 스트레스를 주는 경우를 수치로 나타낸다면 어떤 일들이 있을지 도표에 적어 보세요.

스트레스 지수	영향을 끼치는 일
100	
75	
65	
50	
40	
20	

P OINT

스트레스를 받으면 사이뇌의 시상 하부가 먼저 영향을 받습니다. 시상 하부는 우리 몸이 비상사태를 맞고 있다고 생각하여 뇌하수체에서 부신으로 호르몬을 보냅니다. 여기서 생기는 호르몬이 아드레날린과 노르아드레날린입니다.

08 성호르몬

❶ 남자와 여자는 같은 사람이라는 공통점이 있지만, 모습이나 행동은 다릅니다. 남자와 여자를 구분 짓는 호르몬에 대해 알아봅시다.

❷ 사람은 사춘기에 이르러 성호르몬의 분비가 증가하면서 남성과 여성의 차이가 뚜렷해집니다. 남녀의 차이를 만드는 것 이외 성호르몬의 다른 역할에 대해 알아봅시다.

Ⓟ OINT

호르몬뿐 아니라 신경계도 우리의 몸과 마음에 영향을 미칩니다. 그러므로 몸과 마음은 서로 분리될 수 없는 것입니다.

09 신경 호르몬

뇌에서 분비되는 호르몬에는 도파민, 세로토닌, 노르아드레날린, 멜라토닌, 엔도르핀 등이 있습니다. 이들 기능에 대해 알아봅시다.

POINT

신경 세포 사이에 신호를 전달하는 물질이 뇌내 호르몬입니다. 이때 어떤 신경 호르몬이 전달 물질로 작용하느냐에 따라 뇌에 여러 가지 다른 현상이 나타납니다.

10 환경 호르몬

1 환경 호르몬은 대부분 인간이 만든 화학 물질입니다. 환경 호르몬으로 작용하는 물질은 무엇이 있나요?

2 환경 호르몬은 우리 몸에 어떤 경로로 들어올까요?

POINT

환경 호르몬이란 우리 주변의 환경에 방출되어 있다가 우리 몸에 들어와서 호르몬처럼 작용하는 물질을 말합니다.

린네가 들려주는 분류 이야기

01 분류란 무엇일까요?

❶ 음료수 캔, 휴지, 유리컵, 자, 메스실린더, 우유팩을 두 무리로 분류해 보세요. 무엇을 분류 기준으로 삼았는지도 써야 합니다.

❷ 서점, 슈퍼마켓, 백화점 등 일상생활에서 분류를 사용하는 예는 많습니다. 이 밖에 어떤 장소에서 분류를 사용할까요? 구체적으로 예를 들어 보세요.

ⓟOINT

분류를 잘하기 위해서는 정확한 분류 기준을 찾는 것도 중요하지만, 분류를 해 놓은 것이 얼마나 쓸모 있게 사용되는지도 중요하답니다.

02 분류학의 역사를 알아볼까요?

1 린네는 식물을 분류하는 가장 큰 기준을 꽃이 피는 것과 피지 않는 것으로 삼았습니다. 왜 그랬을까요?

2 꽃이 피지 않고 홀씨(포자)로 번식하는 식물의 예를 들어 보세요.

3 꽃이 피는 식물의 생김새를 살펴보면 꽃을 이루고 있는 공통된 부분이 있습니다. 무엇일까요?

P)OINT

이용 목적이나 사는 장소 등 인간의 견해로 분류하는 방법을 인위 분류라고 합니다. 그리고 몸의 구조, 번식 방법, 내부 구조 등 생물의 특징을 이용해 분류하는 방법을 자연 분류라고 합니다.

03 분류와 진화와의 관계

처음에 각 섬에 퍼진 핀치새는 1종류였습니다. 그런데 한 섬은 껍질이 딱딱한 나무 열매가 풍부하고, 다른 한 섬은 나무 속에 구멍을 뚫고 사는 벌레가 많았습니다. 때문에 한 섬에서는 딱딱한 나무 열매를 먹기에 알맞은 두꺼운 부리를 가진 핀치새만이, 다른 한 섬에서는 나무 속의 벌레를 잡아먹을 수 있는 길쭉한 부리를 가진 핀치새만이 살아남게 되었습니다. 이렇게 해서 각 섬마다 부리 모양이 조금씩 다른 핀치새가 살게 되었습니다. 이것으로 미루어 짐작할 수 있는 사실은 무엇일까요?

2 진화는 분류학에 크게 2가지 영향을 끼쳤습니다. 그중 하나는 다양한 생물들 사이에 서로 가깝고 먼 관계를 알 수 있게 되어 생물을 더 큰 무리로 묶는 데도 기준을 삼을 수 있게 되었다는 것입니다. 나머지 하나는 무엇일까요?

04 종이란 무엇일까요?

1 종의 의미를 정리해 볼까요? 괄호 안에 들어갈 문장을 쓰세요.

1. 종은 모양과 생활 방식이 거의 비슷한 생물의 무리를 말합니다.
2. (   )
3. 그 사이에 태어난 2세도 자손을 낳을 수 있어야 합니다.

2 서로 다른 종에 속하는 동물들 사이에서 새끼가 태어나는 경우도 있습니다. 예를 들어 말과 나귀 사이에서 태어난 노새가 그것입니다. 그렇다면 말과 나귀는 같은 종일까요?

POINT

품종이란 인간이 어떤 목적을 가지고 인공적으로 교배를 시켜서 만들어 낸 것으로, 같은 종에 속하면서도 생김새가 다른 생물이랍니다.

③ 조류학자가 강원도 산골에서 까치를 발견했는데 보통 까치의 모습과는 달리 꼬리 길이가 조금 짧았습니다. 그래서 이 까치에게 '강원까치'라는 이름을 붙였다고 합니다. 이런 경우 강원까치를 까치의 무엇이라고 부를까요?

05 생물 분류의 단계를 알아볼까요?

❶ 서로 비슷한 생물끼리 묶어 더 큰 무리로 묶는 단계에는 크게 7가지가 있습니다. 무엇일까요? 종부터 차례대로 써 보세요.

❷ 고양이 · 호랑이는 고양잇과, 개는 갯과이지만 공통으로 식육목 – 포유강 – 척추동물문 – 동물계에 속합니다. 이것으로 알 수 있는 사실은 무엇일까요?

③ 지금까지 발견한 모든 생물을 각각 분류 단계별로 묶어서 나타내면 나뭇가지가 뻗어 나가는 것과 비슷한 모양이 됩니다. 이것을 무엇이라고 하나요?

06 학명이란 무엇일까요?

❶ 학명은 왜 만들어졌을까요?

❷ 학명을 쓰는 방법에는 이명법과 삼명법이 있습니다. 괄호 안에 공통으로 들어가는 말은 무엇일까요?

이명법=속명+종명+(   )
삼명법=속명+종명+아종명+(   )

3 익모초의 학명은 Leonurus japonicus Houtt입니다. 익모초는 우리 나라 토종 식물인데 왜 일본에서 발견되었다는 뜻으로 이름이 지어졌을 까요?

07 동물 분류 이야기

1 동물계를 나누는 첫 번째 기준은 무엇일까요?

2 척추동물은 모두 5가지로 나닙니다. 무엇일까요? 각각의 예도 들어 보
세요.

③ 척추동물 외에도 연체동물과 절지동물이 있습니다. 연체동물의 예를 하나 들어 보세요. 또 절지동물에 속하는 곤충류와 갑각류의 예도 써 보세요.

POINT

동물계는 크게 연체동물문과 절지동물문, 척추동물문으로 나뉩니다.

08 식물 분류 이야기

① 곰팡이, 버섯 같은 균계에 속하는 생물은 처음에는 식물에 속해 있다가 균계라는 새로운 분류 체계로 독립했습니다. 왜 그랬을까요?

② 꽃이 피고 씨로 번식하는 식물을 종자식물이라고 합니다. 그리고 종자 식물은 밑씨가 어디에 들어 있는지에 따라 겉씨식물과 속씨식물로 분류 합니다. 그리고 속씨식물은 다시 2종류로 분류할 수 있습니다. 무엇일까 요? 분류 기준도 함께 쓰세요.

3 여러분이 식물과 같은 생물 보호에 힘쓰기 위해 할 수 있는 일에는 어떤 것들이 있을까요?

P)OINT

조류에 속하는 식물에는 플랑크톤, 미역, 김, 해캄 같은 것들이 있습니다. 선태식물에는 이끼 종류가 있습니다. 고사리는 대표적인 양치식물입니다.

063
라그랑주가
들려주는
운동 법칙
이야기
$PV=nRT$
$W=F\cdot S$
$Q=c\cdot m\cdot \Delta t$

01 운동에 대한 아리스토텔레스의 생각

1 아리스토텔레스는 물체의 운동을 크게 하늘에서 일어나는 운동과 땅에서 일어나는 운동으로 나누었습니다. 각각 어떻게 다른가요?

2 아리스토텔레스는 운동이 계속 일어나려면 어떤 것이 필요하다고 생각했나요?

POINT

아리스토텔레스는 물체의 운동은 외부에서 힘이 주어지지 않으면 정지한다고 생각했습니다.

02 갈릴레이의 실험 1

① 갈릴레이가 살던 중세는 교회의 힘이 무척이나 강했던 때입니다. 그래서 교회의 교리에 반하는 질문이나 논쟁이 받아들여지지 않았습니다. 갈릴레이는 당시의 이런 풍토가 과학의 발전을 저해할 것이라고 생각했습니다. 왜 그런 생각을 했을까요? 또한 그가 과학 연구에서 중요하게 생각한 것은 무엇인가요?

② 갈릴레이는 비탈에 쇠공을 굴리는 실험을 했습니다. 실험 결과는 어떠했으며 왜 그런 결과가 나왔나요? 또 반대로 비탈에 쇠공을 밀어 올리는 실험도 했습니다. 실험 결과는 어떠했으며 왜 그런 결과가 나왔는지 적어 봅시다.

P OINT

비탈에 공을 굴리면 그 공의 운동에는 중력 가속도가 생깁니다.

03 갈릴레이의 실험 2

1 비탈을 내려온 쇠공은 평면을 구르다가 결국 멈춥니다. 쇠공은 왜 멈추게 되나요?

2 만약 평면에 마찰이 없다면 쇠공은 어떻게 되나요? 이를 바탕으로 아리스토텔레스의 이론을 비판해 보세요.

POINT

마찰은 물체의 운동을 방해하는 힘입니다. 마찰이 없다면 물체의 운동은 계속될 것입니다.

04 뉴턴의 운동 제1법칙

1 뉴턴의 운동 제1법칙인 관성의 법칙에 대해 설명해 봅시다.

2 신나게 달리던 버스가 갑자기 멈추면 승객들의 몸은 앞으로 쏠리게 됩니다. 왜 이런 일이 발생하는지 관성의 법칙을 이용해 설명해 봅시다.

P OINT

정지한 물체는 계속 정지하려고 하고 움직이는 물체는 계속 움직이려고 합니다.

05 관성에서 질량으로

1 질량과 관성은 어떤 관계가 성립하나요?

2 우리는 종종 질량이나 무게를 같은 경우에 쓰기도 하는데 무게와 질량은 서로 다른 개념입니다. 어떻게 다른가요?

POINT

같은 물체라도 지구와 달에서 무게가 달라집니다. 이는 중력이 다르기 때문입니다.

06 뉴턴의 운동 제2법칙

① 뉴턴의 운동 제2법칙은 가속도와 힘, 가속도와 질량의 관계에 관한 것입니다. 각각 어떤 관계를 가지는지, 그리고 그것을 바탕으로 식을 정리해 봅시다.

② 물리학에서 말하는 힘은 뉴턴의 운동 방정식과 결부시켜 정의합니다. 물리학에서의 힘의 정의에 대해 적어 봅시다.

P OINT

- 힘과 가속도는 비례하고 가속도와 질량은 반비례합니다.
- 운동 방향으로 힘을 가하면 물체의 속도는 빨라지고 운동 반대 방향으로 힘을 가하면 물체의 속도는 느려집니다.

07 벡터와 스칼라 그리고 힘의 3요소

1 다음 [보기]에 있는 개념들을 각각 벡터와 스칼라로 분류하고, 분류 기준을 적어 봅시다.

[보기]

속도 　 속력 　 무게 　 질량

---

2 힘의 3요소를 적어 봅시다.

POINT

- 크기만을 갖는 것을 스칼라, 크기와 방향을 다 갖고 있는 것을 벡터라고 합니다.
- 힘의 3요소에는 힘을 가하는 위치를 나타내는 '작용점'도 포함됩니다.

08 관성력과 몸무게

1 관성력은 관성으로 일어나는 힘입니다. 관성력은 운동 방향과 같은 방향인가요? 다른 방향인가요? 예를 들어 갑자기 출발하는 버스의 관성력은 어느 방향인가요?

2 엘리베이터가 점점 빨라지면서 상승할 때 그 속에 타고 있던 사람의 몸무게도 증가합니다. 그 이유는 무엇 때문인가요?

POINT

중력과 관성력이 같은 방향일 경우 무게는 늘어나고 중력과 관성력이 반대 방향일 경우 무게는 줄어듭니다.

09 뉴턴의 운동 제3법칙

❶ 뉴턴의 세 번째 운동 법칙은 작용과 반작용 법칙입니다. 작용과 반작용 법칙에 대해 설명해 봅시다.

❷ 로켓 발사를 작용·반작용의 법칙으로 설명할 수 있습니다. 간단하게 원리를 설명해 봅시다.

Ⓟ OINT

자연에서 발생하는 힘은 홀로 나타날 수가 없습니다. 두 가지 힘이 상호 작용하는 형태로 나타나게 됩니다.

10 뉴턴의 운동 법칙과 결정론

❶ 뉴턴은 결정론의 확립에 결정적인 기여를 한 과학자입니다. 결정론이란 어떤 이론인가요?

❷ 결정론은 과학뿐만 아니라 사회 전반에도 큰 영향을 끼쳤는데 미리 결정되어 있어서 인간의 삶을 예측할 수 있다면 어떻게 될까요?

POINT

뉴턴은 초기 조건만 알고 있으면 모든 자연 현상의 미래를 예측할 수 있다고 주장했습니다.

마이컬슨이 들려주는 프리즘 이야기

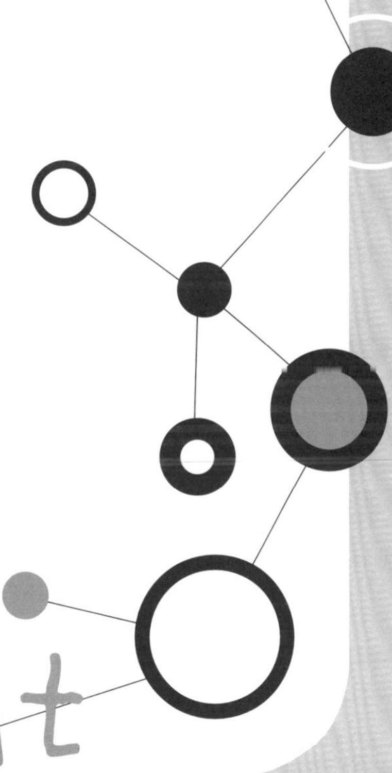

01 빛의 정의

❶ 빛의 소중함은 역으로 '빛이 없다면'을 가정해 보면 쉽게 생각할 수 있습니다. 빛이 없다면 어떤 일들이 생길까요?

❷ 아리스토텔레스는 빛의 색이 어떻다고 생각했나요?

02 뉴턴의 프리즘 실험

1 뉴턴이 빛의 색을 알아보기 위해 이용한 광학 기계는 무엇인가요? 또한 그 광학 기계로 본 빛의 색은 어떠했나요?

POINT

뉴턴이 빛의 색깔을 알아보기 위해 이용한 것은 삼각형 모양의 광학 기계입니다. 그것을 통과한 빛은 무지개 색깔이었습니다.

② 빛의 고유한 특성인 굴절, 파장, 분산에 대해 설명하세요.

03 빛의 성질

① 두 개의 프리즘이 일렬로 놓여 있습니다. 빨간색 빛을 열 개의 프리즘에 통과시켜 보았습니다. 열 개의 프리즘을 다 통과하고 난 빛은 무슨 색깔일까요? 또 빛이 꺾이는 각도는 어떠한가요?

② 첫 번째 프리즘을 통과한 뒤 일곱 가지 무지개 색깔로 분산된 빛을 모두 두 번째 프리즘에 통과시켰습니다. 두 번째 프리즘을 통과한 빛은 어떤 색깔을 띠게 될까요?

04 파동론을 주장한 영

1 뉴턴은 빛의 본성을 '입자'라고 보았고 영은 '파동'이라고 보았습니다. 영은 자신의 이런 생각을 발표했는데 뉴턴 지지자들의 엄청난 비난을 받았습니다. 이후 그는 뉴턴 지지자들과의 논쟁에서 받은 충격으로 빛의 연구에서 손을 뗐습니다. 그러나 영이 주장한 파동론은 빛의 본성을 밝히는 데 중요한 역할을 했습니다. 이 일화에서 우리가 얻을 수 있는 교훈은 무엇일까요?

P)OINT

과학에서 입장에 따른 감정적인 논쟁은 불필요하며 소모적입니다. 철저한 검증을 통한 이론 전개가 중요합니다.

05 입자론과 파동론

1 빛의 입자론과 파동론에 대해 설명해 보세요.

2 빛이 회절하는 특성을 검증할 때 빛의 파동론이 입자론보다 더 우세했습니다. 그 이유에 대해 말해 보세요.

3 빛의 간섭 특성 검증으로 영은 빛이 파동임을 강하게 주장했는데, 이 실험에서 빛이 파동임을 어떻게 증명할 수 있나요?

빛은 직진, 반사, 굴절, 투과, 회절, 간섭 같은 성질을 갖고 있는데 입자론과 파동론 중 더 타당한 이론을 찾기 위해 이러한 빛의 성질을 이용해서 실험을 했습니다. 빛의 직진, 반사, 굴절, 투과 특성 검증에서는 입자론과 파동론 모두 통과했으나 빛의 회절, 간섭 특성 검증에서 영의 파동론은 뉴턴의 입자론에 절대적인 우위를 차지하게 됩니다.

06 파동론의 우세

1 입자론 지지자들은 물속에서 광속이 빨라진다고 생각했고, 파동론 지지
자들은 물속에서 광속이 느려진다고 생각했습니다. 푸코의 실험 결과
물속에서의 광속은 어떠했는지 적어 보세요.

2 맥스웰은 1864년 빛의 본성이 파동이라는 사실을 입증해 보였는데, 그
의 주장을 정리해 보세요.

07 빛의 매질, 에테르

1 빛의 본성이 파동으로 결정지어지면서 매질이 중요한 문제로 떠오릅니다. 파동에서 매질이 중요한 이유를 적어 보세요.

2 빛의 매질은 에테르라 생각되었습니다. 아리스토텔레스가 생각한 에테르의 특성은 무엇인가요?

P OINT

매질은 파동이 나아가는 데 도움을 주는 물질입니다. 에테르는 빛을 전달해 주는 물질이라 생각된 가상의 매질입니다.

(08) 에테르의 성질

① 에테르가 가지는 이상한 성질 세 가지는 무엇인가요?

② 에테르의 성질은 보편적인 상식으로는 이해하기가 힘듭니다. 그러나 과학자들은 에테르를 포기할 수 없었습니다. 그 이유는 무엇인가요?

09 에테르 찾기

1 마이컬슨이 생각해 낸 '에테르의 바람' 이란 무엇인가요? 에테르의 바람은 무엇에 영향을 주나요?

2 A지점과 B지점에서 측정한 별빛의 속도가 달라야 한다고 생각한 이유는 무엇인가요?

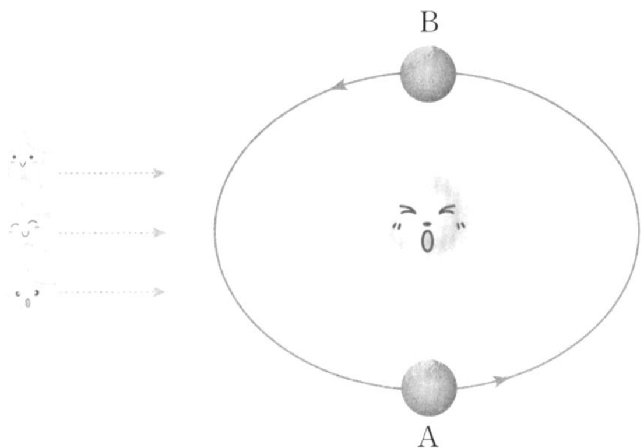

10 빛의 본성

마이컬슨이 A와 B 지점의 빛의 속도를 측정한 결과는 어땠나요? 여기
에서 얻을 수 있는 광속에 대한 법칙은 무엇인가요?

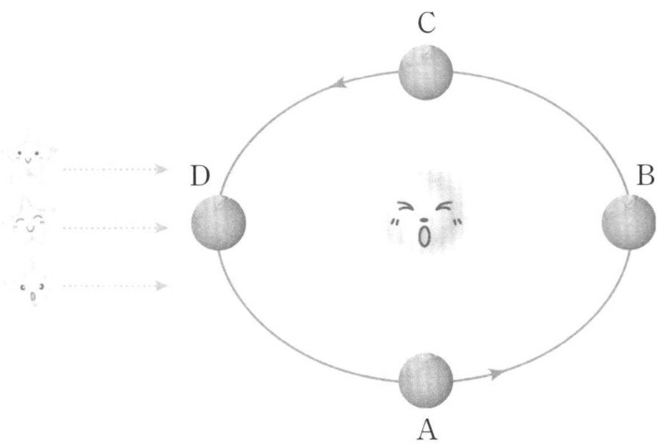

2 빛의 본성에 대한 최종 결론은 아이슈타인에 의해 나왔습니다. 빛의 본
성은 입자인가요, 파동인가요? 아니면 다른 무엇인가요?

메톤이 들려주는 달력 이야기

01 달력 이야기의 시작

❶ 여러분 가정에 있는 달력을 보면 양력과 음력이 다 들어 있습니다. 어떤 기준에 의해 만들어진 것이며 여러분은 어떤 기준을 중심으로 달력을 사용하나요?

❷ 음력은 양력보다 한 달에 하루가 짧기 때문에 3년이 지나면 한 달이 빨리 가므로 계절에 영향을 끼치게 됩니다. 이런 현상을 어떤 방법으로 해결했나요?

ⓟOINT

세계 각국에서 공식적으로 사용하는 것은 양력입니다. 우리나라도 양력을 기준으로 계획을 세우지만, 어른들은 음력으로 일을 처리하는 경우도 있습니다. 특히 농사 시기나 계절의 변화를 볼 때는 음력이 더 정확합니다.

02 자연의 순환과 주기

1 자연에는 어떤 규칙적인 순환이 있나요?

2 낮과 밤, 그리고 계절은 왜 생기는 걸까요?

POINT

지구는 태양 주위를 돌고 있습니다. 계절은 태양 주위를 도는 지구의 공전과 관련이 있습니다. 지구의 자전축이 공전 궤도면에 대해서 기울어져 있기 때문입니다.

03 자연의 리듬과 달력

1 달력이 없는 세상은 시계가 없는 세상보다 더 답답하고 막연할 것입니다. 달력이 없으면 어떤 불편함이 있을까요?

04 날은 어떻게 정해졌을까요?

1 여러분은 하루를 쉽게 규정할 수 있지요. 그런데 고대인은 그렇지 않았습니다. 태양을 기준으로 정하기도 하고, 별을 이용해 하루를 정하기도 합니다. 어떤 방법을 사용했나요?

2 천문학자들은 왜 정오를 하루의 시작으로 정하는 게 합리적인 방법이라고 말하고 있나요?

POINT

천문학자들은 하루의 시작을 정오로 정해 왔습니다. 하지만 이때는 사람이 가장 왕성한 활동을 하는 시점이므로 불편함을 해소하기 위해 하루의 시작을 자정으로 정해 사용하고 있습니다.

05 1년은 어떻게 정해졌을까요?

❶ 이집트 인은 별을 이용해 1년의 날수를 상당히 정확히 알 수 있었습니다. 어떤 원리를 이용한 것인가요?

❷ 연초를 정하는 의미는 천문학적으로 별 의미가 없다고 합니다. 그렇다면 우리가 새롭게 정할 수도 있겠군요. 만약 새로 1년을 시작하는 날을 정하게 된다면 여러분은 언제로 정하면 좋겠는지요?

ⓟOINT

이집트 인은 나일 강이 범람을 시작하는 시기, 태양이 떠오르기 직전에 보이는 유난히 밝게 빛나는 별 시리우스를 관찰하여 1년의 길이를 정확히 잴 수 있었습니다.

③ 열대의 한계선을 회귀선이라 합니다. 회귀선은 '태양이 되돌아가는 선'이라는 의미가 있습니다. 북쪽의 회귀선은 하지이고, 남쪽의 회귀선은 동지입니다. 하짓날과 동짓날 정오에 태양이 머리 위에 오면 각각 어떤 현상이 일어나나요?

06 1달은 어떻게 정해졌을까요?

① 달을 나누는 기준은 음력과 양력이 다릅니다. 어떤 방법으로 달의 주기를 나누고 있나요?

② 음력 매달 1일은 천문학적으로 어떤 의미를 가지고 있나요?

07 주는 어떻게 정해졌을까요?

① '달' 이나 '년' 의 주기는 자연 속에서 그 합당함을 찾았지만, '주' 라는 주기는 달랐습니다. 무엇이 기준이 되나요?

② '주' 안의 7일을 '요일' 이라는 단위로 부릅니다. 어떤 과정에 근거하여 '일, 월, 화, 수, 목, 금, 토' 라는 명칭이 생겼나요?

POINT

동양에서는 한 달을 열흘 주기로 나누어 한 달을 초순, 중순, 하순으로 구분했습니다.

08 인류가 사용해 온 달력

① 지금까지 발견된 달력 중 가장 오래된 달력은 프랑스의 아브리 블랑샤르에서 발견된 달력입니다. 이 달력은 무엇을 기준으로 만들었나요?

② 우리가 사용하는 달력은 양력을 기준으로 합니다. 그런데 농사를 짓는 일만은 음력 달력을 기준으로 하는 이유는 무엇인가요?

P OINT

태양력은 1년을 365일로 하고 윤일을 두지 않았기 때문에 4년마다 하루 정도씩 빨라집니다. 그러면 계절과 달력은 어긋나므로 씨 뿌리고 추수하는 시기를 올바르게 알 수 없게 됩니다. 그래서 태음태양력은 24절기를 도입하였습니다.

3 우리나라에서 태양력이 처음 쓰인 것은 언제인가요?

09 서력의 유래

1 오늘날 가장 널리 사용되는 그레고리력의 근원이 되는 율리우스력의 특징을 정리해 보세요.

2 우리가 부르는 1월, 2월, 3월…… 등의 달 이름을 만들어 보세요. 어떤 의미를 담아 낼 수 있을까요?

POINT

율리우스 카이사르는 이집트 원정을 통해 이집트의 간편한 태양력을 바탕으로 새로운 역법을 시행하는데, 이것이 율리우스력입니다.

10 현재의 달력이 태어나기까지

율리우스력이 채택한 1년의 길이는 365.25일로 좀 더 정확한 1년의 길이인 365.2422일과 비교하면 0.0078일(약 11분 14초) 길게 잡은 셈입니다. 이 차이는 아주 사소한 것 같지만 오랜 세월이 흐르면 문제가 됩니다. 이 점을 해결하기 위해 치윤법을 어떻게 수정하였나요?

POINT

율리우스력이 채택한 시간 길이의 차이는 128년이 지날 때마다 날짜가 하루씩 늦게 가는 결과를 낳게 됩니다. 이 차이는 지구의 나이를 생각할 때 무시할 수 없는 차이가 나지만 근본적인 해결을 할 수 없었습니다. 그래서 임의적 해결을 본 것이 치윤법입니다.

11 좋은 달력 판별법

태음력과 태양력은 어떤 점에서 장점을 가지고 있나요?

POINT

> 달력은 사람들 사이의 약속입니다. 그러나 그 약속은 자연의 변화와 어울릴 때만 불편 없이 오래 지속될 수 있습니다.

12 날과 달의 길이 변화

조석 마찰로 지구의 자전 속도는 5만 년에 1초 정도 늦어진다고 하는데 이는 아주 작은 차이지만 지구의 나이를 생각할 때 무시할 수 없는 양이 됩니다. 고생대 데본기에는 이런 현상으로 보면 하루가 22시간이었는데, 현대인은 이를 어떻게 확인할 수 있나요?

로슈가
들려주는
조석 이야기

$pV=nRT$

$W=F \cdot s$

$Q=c \cdot m \cdot \Delta t$

01 마법에 걸린 바다?

❶ 조석이란 해수면이 일정한 수준에 머물지 않고 끊임없이 높아졌다 낮아졌다를 되풀이하는 것을 말하는데 이를 밀물과 썰물의 흐름으로 설명해 보세요.

❷ 조차란 만조 때와 간조 때의 해수면의 높이 차이를 말합니다. 세계에서 조차의 크기가 큰 지역을 말해 보고 그들이 갖는 지형적 특성을 설명해 보세요.

ⓟOINT

조석은 바다를 가득 채우고 있는 엄청난 양의 바닷물이 주기적으로 움직이는 거대한 물의 흐름입니다.

02 조석은 왜 생기는가?

1 옛날 사람들은 하루 두 번 바닷물이 해안으로 밀려왔다 물러가는 걸 보고 신기한 마법과 같다고 생각했지만 쉽게 증명할 수 없었습니다. 다만 달과 관계가 있다고 생각했습니다. 왜 그렇게 생각한 것인가요?

2 조석이 일어나는 이유를 과학적으로 밝혀낸 사람은 뉴턴입니다. 그는 조석이 일어나는 원인이 무엇 때문이라고 했나요?

POINT

$$\text{만유인력} = (\text{만유인력 상수}) \times \frac{(\text{물체 1의 질량}) \times (\text{물체 2의 질량})}{(\text{물체 간의 거리})^2}$$

만유인력 : 질량을 갖는 물체 사이에는 서로 당기는 힘이 적용합니다.

03 밝혀지는 조석의 비밀

1 지구에 작용하는 조석력은 지구를 변형시키도록 작용하지만 바닷물은 지각에 비해 상대적으로 저항력이 약하여 많이 눌리거나 끌려가게 됩니다. 이런 현상을 우리는 무엇이라고 하나요?

2 태양은 달과 함께 지구의 조석력에 영향을 미치지만 달이 더 큰 영향을 미치는 이유를 설명해 보세요.

❸ 태양 주위를 돌고 있는 다른 행성들은 지구의 조석에 영향을 미치지 않을까요?

04 하루가 점점 길어진다!

1 달이 지구에 미치는 조석 마찰은 지구의 자전을 계속 감소시키게 됩니다. 지구가 달과 동주기로 자전을 하게 되므로 하루의 길이에 변화를 줍니다. 즉 과거는 지금보다 하루의 길이가 짧았고, 미래에는 하루가 더 길어진다는 이야기입니다. 이런 현상을 어떻게 알 수 있는 건가요?

POINT

조석 마찰은 현재에만 작용하는 것이 아니고 과거에도 작용하였습니다. 따라서 과거에는 달이 지금보다 더 가까운 거리에 있었고 지구도 더 빠른 속도로 자전하고 있었습니다.

05 조석력이 일으키는 월진과 화산

1 월진은 달에서 일어나는 지진을 말합니다. 그러나 지구의 지진과 차이가 있는데 어떤 차이인가요?

2 화산 활동은 지구에만 있는 것이 아닙니다. 달이나 화성도 처음 태어났을 때는 활동을 했지만 지금은 끝난 상태입니다. 끊임없이 지구에서 화산 활동이 일어나는 원인은 무엇인가요?

06 로슈 한계란 무엇일까요?

1 행성이 위성에 미치는 조석력이 월진을 일으키거나 화산 활동을 유발합니다. 또한 다른 천체가 어느 한계 이상 다가오면 천체를 부숴 버리기도 합니다. 왜 그런가요?

2 행성들은 조석력의 영향으로 깨지게 되는데 태양계가 질서를 유지하고 있는 이유는 무엇일까요?

POINT

질량이 크고 크기가 작은 천체일수록 조석력이 강합니다. 그러므로 그 어떤 천체보다 조석력이 극단적으로 크게 나타나는 천체는 블랙홀입니다.

07 조석력이 혜성을 파괴한다

1 1994년 7월에 목성과 혜성의 충돌이 있었습니다. 이 충돌 사건을 지구에서는 볼 수 없었지만 '우주 쇼'라고 불리며 대대적 뉴스거리였습니다. 이 혜성이 목성과 충돌하게 된 원인은 무엇인가요?

2 이런 혜성이 지구를 향해 떨어진다면 지구의 생명체는 멸종되고 말 것입니다. 지구는 표면이 암석으로 되어 있어 혜성이 충돌하면 흔적이 남기 때문에 이런 일이 있으면 안되겠지요. 만약 이런 혜성이 지구를 향해 다가오고 있다면 미리 막을 수 있는 방법은 없을까요?

08 조석 에너지의 이용

9 조력 발전은 조석이 발생하는 하구나 만을 방조제로 막아 방조제 안팎의 수위 차를 이용하여 발전하는 것입니다. 조력 발전이 갖는 장점과 단점을 적어 보세요.

POINT

조석은 엄청난 양의 바닷물을 주기적으로 움직이는 것이므로 매우 큰 에너지를 가지고 있습니다. 이 조석력으로 이동하는 바닷물을 동력원으로 이용하는 방법이 조력 발전이나 조류 발전입니다.

09 조석 예보

9 조석을 관측하기 위해서는 검조소를 건설하고 관측기를 설치하여 지속적으로 관찰해야 합니다. 이러한 관측 자료는 어디에 사용될까요?

POINT

조석 예보란 해안 각지의 앞으로 다가올 날의 만조 시각과 간조 시각 등을 미리 알 수 있는데 자연 현상을 예보하는 것 중 가장 정확합니다.

피셔가
들려주는
통계 이야기

$$pV = nRT$$

$$W = F \cdot s$$

$$Q = c \cdot m \cdot \Delta t$$

01 자료의 정리

한 반에서 학생들이 좋아하는 계절을 물어 보았습니다. 막대그래프와 표 중 학생들이 어느 계절을 더 많이 좋아하는지 바로 알 수 있는 방법은 무엇일까요? 또 각 계절을 좋아하는 학생 수를 구하려면 어떤 방법이 더 편리할까요?

02 막대그래프

1 남학생이 좋아하는 산과 여학생이 좋아하는 산에 대한 자료를 동시에 막대그래프로 나타내려고 합니다. 어떻게 해야 할까요?

2 남학생이 좋아하는 산과 여학생이 좋아하는 산을 동시에 나타내고 있는 막대그래프를 상상해 봅시다. 이 그래프로 알 수 있는 사실에는 어떤 것들이 있을까요?

03 그림그래프

❶ 주로 여러 나라 인구를 비교할 때 많이 사용하는 그래프 방식은 무엇일까요?

❷ 다음은 A, B, C 각 동네에 사는 초등학생들의 수를 조사한 표입니다. 그림그래프로 그려 보세요.

동네	초등학생 수 (명)
A	22
B	17
C	30

04 비율그래프

1 비율을 나타내는 기호를 쓰고, 그 기호를 어떻게 읽는지 적어 보세요.

2 10명의 학생들에게 혈액형을 물었습니다. 그 결과 A형 4명, B형 2명, O형 3명, AB형 1명이었습니다. 이것을 퍼센트로 나타내면 어떻게 될까요?

05 평균 이야기

1 진주와 민재가 수학과 과학 시험을 치렀습니다. 진주는 수학을 100점, 과학을 60점 받았고, 민재는 수학을 90점, 과학을 80점 받았습니다. 두 사람 가운데 누가 더 성적이 높을까요? 풀이 과정도 함께 적어 보세요.

2 세 과목 점수가 각각 70점, 80점, 90점이 나왔습니다. 평균은 몇 점일까요? 풀이 과정도 함께 적어 보세요.

06 점수의 흩어짐

1 '점수의 흩어짐을 조사한다' 는 것은 무엇일까요?

2 A반과 B반의 평균은 모두 50점입니다. 하지만 A반 아이들의 점수는 많이 흩어져 있습니다. 반면 B반 아이들의 점수는 평균 주위에 몰려있습니다. 선생님은 각 반의 수업을 할 때 어떤 점을 생각해야 할까요?

07 두 자료 사이의 관계

① 가로축을 수학 점수, 세로축을 과학 점수로 정하고 그래프로 나타낼 때, 비스듬히 위로 올라가는 그래프 모양은 수학 점수와 과학 점수 사이에 어떤 관계가 있음을 나타내는 것일까요?

② 가로를 아이스크림 가격, 세로를 판매량으로 하여 그래프를 그리면 어떤 모양이 나올까요?

POINT

어떤 자료의 값이 커질 때, 다른 자료들의 값이 커지거나 줄어들면 두 자료는 서로 관계가 있다고 합니다.

08 동전 던지기 게임

1 동전을 던져 앞면이 나오는 경우의 수와 앞면이 나오지 않을 경우의 수는 얼마일까요?

2 동전 하나를 던졌을 때 앞면이 몇 번 나온다고 기대할 수 있을까요? 풀이 과정도 함께 적어 보세요.

POINT

동전 앞면이 나올 경우가 0.5번이라고 한다면 이것은 기대할 수 있는 값이지 실제로 일어나는 일은 아닙니다. 이처럼 기대할 수 있는 값이 실제 일어나는 값과 다를 수도 있습니다.

09 OX 문제

2개의 ○× 문제가 출제되었을 때, 답을 아무렇게나 적는다고 가정하면 기대 점수는 몇 점일까요? (맞으면 1점, 틀리면 0점)

2 ○× 문제에서 맞으면 1점, 틀리면 0점이 될 때, 문제 수와 기대 점수는 어떤 관련이 있나요?

가가린이 들려주는 **무중력** 이야기

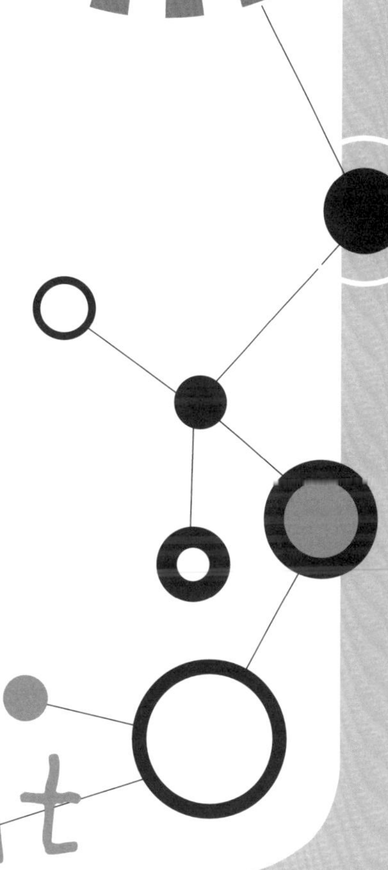

01 중력이란 무엇인가요?

1 우리가 지구에 발을 딛고 걸을 수 있는 건 중력 때문입니다. 만유인력의 법칙에 의하면 공을 던져 떨어뜨릴 때, 공도 지구를 당길 텐데 왜 지구는 공쪽으로 떨어지지 않는 걸까요?

2 우리는 일반적으로 자신의 몸무게를 kg으로 나타냅니다. 그런데 이것은 질량을 나타내는 단위입니다. 무게의 단위는 어떻게 나타내야 하는지 알아보고 왜 그런지 이유를 써 보세요.

P OINT

질량을 가진 두 물체 사이에는 서로 잡아당기는 힘이 작용하는데 그것이 바로 만유인력입니다.
만유인력은 질량이 클수록 큽니다.

02 중력과 가속도

1 가속도가 중력에 어떤 영향을 끼치게 되는지 엘리베이터를 이용해 설명해 보세요.

2 엘리베이터의 줄이 끊어져 추락한다면 낙하할 때 가속도는 지구의 중력에 의해 생기는 가속도로 사람의 무게는 0이 됩니다. 그래서 사람이 엘리베이터 바닥에 서 있지 않고 둥둥 떠 있게 됩니다. 이런 상태를 무엇이라고 하나요?

P OINT

엘리베이터가 낙하할 때의 가속도는 지구의 중력에 의해 생기는 가속도입니다. 이때 사람의 무게는 0이 되고 사람이 받는 중력도 0이 됩니다. 이것이 바로 무중력 상태입니다.

03 중력 만들기

1 우리는 2종류의 무중력 상태를 느낄 수 있습니다. 어떠한 원리에 의한 무중력인가요?

2 중력이 거의 미치지 않는 우주 공간에서 중력을 만들 수 있습니다. 어떻게 그럴 수 있는 걸까요?

3 우주는 중력이 없으므로 사람이 지구처럼 걸어 다닐 수 없습니다. 하지만 우주에서도 지구처럼 지낼 수 있는 방법이 있습니다. 어떠한 방법인지 설명해 보세요.

04 무중력의 물리

1 무중력 상태에서 몸무게를 재려면 어떻게 하면 될까요?

2 무중력 상태에서 볼펜으로 글을 쓸 수 없는 이유를 설명하고, 무엇으로 대신하면 글을 쓸 수 있는지 말해 보세요.

POINT

사람의 무게는 지구가 잡아당기는 중력의 크기입니다. 하지만 무중력 공간에서는 사람의 몸무게가 0이 됩니다.

05 무중력의 화학

❶ 무중력 공간에서 성냥을 켜면 불꽃이 동그랗게 만들어지다가 꺼집니다.
그 이유에 대해 설명해 보세요.

❷ 무중력 공간에서 벽을 타고 올라갈 수 있을까요?

Point

무중력 공간에서는 대류가 일어나지 않으므로 산소가 불꽃으로 가고 싶어도 갈 수 없게 되는 것입니다.

06 무중력 상태의 생물

1 무중력 상태에서도 꽃이 피고, 물고기는 알을 낳고, 거미는 집을 지을 수 있습니다. 이렇게 고등 동물은 무중력 상태를 경험해도 유전자가 바뀌지 않지만 식물이나 미생물 같은 하등한 생물은 유전자가 바뀔 수 있습니다. 어떤 현상이 일어날까요?

2 무중력 상태에서는 우주 멀미 증상을 겪게 됩니다. 왜 그럴까요?

P OINT

사람과 같은 고등 동물은 유전자가 복잡하기 때문에 무중력 상태를 경험해도 유전자가 바뀌지 않습니다.

07 무중력 공간에서의 생활

1 무중력 상태의 공간은 우리에게 새로운 경험을 하게 합니다. 이 공간에서는 어떤 방법으로 음식을 먹을 수 있나요?

2 우주선 안에서 방귀를 함부로 뀌면 위험합니다. 왜 그럴까요?

POINT

지구에서 우유가 내 입으로 들어올 수 있는 이유는 우유가 중력의 영향을 받아 아래로 떨어지기 때문입니다. 그러나 무중력 상태에서는 무게가 0이므로 다른 방법을 사용해야 합니다.

08 우주 왕복선에서의 생활

1 우주선 안에서의 생활은 우리가 지구에서 생활하는 것과 어떻게 다를까요?

2 우주 왕복선이 지구로 안전하게 귀환하기 위해서는 어떻게 해야 하나요?

POINT

우주에는 중력이 없다는 점을 인식해야 합니다.

09 스페이스 콜로니

❶ 스페이스 콜로니란 아직 실현되지는 않았지만 미래의 우주 도시로 인간이 거주할 수 있는 환경을 갖추어 놓은 거대한 인공위성입니다. 어떻게 인간이 살 수 있는 환경을 만드는 걸까요?

❷ 스페이스 콜로니를 건설하는 데는 많은 돈이 들게 됩니다. 그런데도 지구인들이 이 계획을 구상하는 이유는 무엇일까요?

ⓟOINT

스페이스 콜로니는 회전을 하기 때문에 바깥쪽으로 중력이 생깁니다. 이것은 양동이에 물을 담고 빙빙 돌리면 물이 쏟아지지 않는 원리를 이용한 것입니다.

길버트가 들려주는 자석 이야기

$$pV=nRT$$

$$W=F\cdot s$$

$$Q=c\cdot m\cdot \Delta t$$

01 자석의 발견

❶ 우리 주위에는 자석을 이용하는 물건들이 많습니다. 어떤 것들이 있나 찾아볼까요?

❷ 그리스 사람들은 자석을 '끌어당기는 돌', 중국 사람들은 '사랑의 돌'이 라고 불렀어요. 여러분은 자석을 무엇이라고 부르고 싶은가요?

02 자석에 붙는 것

① 아래 물건 중 자석에 붙는 것과 붙지 않는 물건을 각각 분류해 보세요.

> 바늘, 알루미늄 깡통, 동전, 압정, 금반지, 플라스틱, 가위, 나무, 유리컵, 종이

자석에 붙는 것 :

자석에 붙지 않는 것 :

② 자석은 크게 세 종류가 있습니다. 자석의 종류를 적어 보세요.

POINT

쇠붙이(철)로 이루어진 것은 자석에 달라붙습니다.

03 자석과 쇠붙이 사이의 힘

1 자석이 쇠붙이를 당기는 힘은 거리와 어떤 관계가 있을까요?

04 자석의 힘이 전달되는 물질

1 간단한 자석 놀이를 해 보세요.

> 준비물 : 책받침, 막대자석, 못, 물이 들어 있는 그릇, 종이배, 핀

2 자석과 쇠붙이 사이에 각각 종이, 알루미늄판, 다른 쇠붙이를 넣으면 각각 어떻게 될까요?

05 자석과 자석의 힘

1 막대자석에는 N극과 S극이 있습니다. 같은 극끼리 두면 어떤 일이 벌어질까요? 또 서로 다른 극끼리 두면 어떻게 될까요?

2 자석을 이용해 달리는 수레를 만들어 볼 거예요. 수레 앞에는 S극이 보이도록 동전 자석을 붙이고, 뒤에는 N극이 보이도록 동전 자석을 붙입니다. 자석을 이용해 이 수레를 빨리 움직이게 하려면 어떻게 해야 할까요?

ⓟOINT

자석의 두 개의 극은 N극과 S극이라고 부르는데 N극은 빨간색을 S극은 파란색을 칠해서 두 극을 구분합니다. N극은 북쪽을 뜻하는 영어 'North'의 첫 철자이고 S극은 남쪽을 뜻하는 영어 'South'의 첫 철자입니다.

06 새끼 자석 이야기

❶ 막대자석은 빨간 부분인 N극과 파란 부분인 S극으로 이루어져 있습니다. 막대자석을 N극과 S극, 두 조각으로 나눈 다음 빨간 부분만 남은 N극의 잘라진 부분에 다른 자석의 N극을 대면 어떻게 될까요?

❷ 클립을 실에 매달고 클립에 자석을 붙였다가 반대의 극을 가져가면 클립은 자석에서 멀어집니다. 왜 이런 현상이 나타날까요?

07 자석 만들기와 보관하기

1 녹음용 자기테이프 옆에는 자석을 두지 말아야 합니다. 녹음된 소리가 지워지기 때문이죠. 어떻게 자석이 녹음된 것을 지울 수 있는 것일까요?

2 자석을 보관하는 방법에는 세 가지가 있습니다. 첫째, 자석을 서로 다른 극끼리 마주 보게 붙여 놓는 것입니다. 둘째, 자석의 극 부분에 쇠붙이를 붙입니다. 셋째, 자석을 차가운 곳에 놓아둡니다. 그러면 거꾸로 자석의 성질을 없애는 방법 두 가지는 무엇일까요?

08 나침반

1 "지구 속에는 거대한 자석이 있어요." 이것은 무슨 얘기일까요?

2 모든 행성 속에는 거대한 자석이 들어 있어요. 하지만 만약 목성에서 나침반을 사용할 때는 N과 S를 반대로 써 놓아야 합니다. 왜 그럴까요?

3 나침반을 쉽게 만들 수 있어요. 나침반을 만드는 방법을 순서대로 적어 보세요.

콜럼버스는 나침반을 이용하여 미국 대륙을 처음으로 발견했습니다.

09 자석과 생물

1 철새들은 나침반이 없어도 남쪽, 북쪽을 아주 잘 찾아갑니다. 어떻게 가능할까요?

2 MRI라고 부르는 방식은 자석 통 속에 사람이 들어가 몸속을 촬영해 병이 있는 곳을 발견하는 것입니다. 어떻게 자석으로 병이 있는 곳을 알아내는 걸까요?

P OINT

철새의 머리에 강한 자석을 붙이면 철새는 길을 잃게 됩니다.

오일러가
들려주는
파이 이야기

$PV=nRT$

$W=F \cdot S$

$Q=c \cdot m \cdot \Delta t$

01 메소포타미아의 파이 이야기

1 원주율 π는 무엇을 나타내는 기호인지 쓰고, 그것이 왜 중요한지 말해 보세요.

2 람베르트라는 수학자는 파이가 무리수임을 어떻게 증명했나요?

POINT

원에 담긴 사실들은 자연 현상의 이해나 유용한 도구 및 훌륭한 건축물을 제작하는 데 반드시 필요한 지식입니다.

❸ 바빌로니아 사람들은 원주율 파이를 구하는 과정에서 정육각형의 둘레가 외접원 반지름의 6배인 사실을 알아냈습니다. 이것은 어떤 영향을 미쳤나요?

❹ 우리가 가장 많이 쓰는 것은 10진법입니다. 그런데 시간을 헤아릴 때는 60진법도 함께 사용하고 있습니다. 둘이 어떻게 다른 것인지 설명하고, 실생활에 쓰이는 예를 찾아보세요.

Ⓟ OINT

시간과 각도를 나타내는 60진법은 바빌로니아 사람들이 원주율 파이를 구하는 과정에서 알아낸 것입니다. 10진법은 우리가 연산을 할 때 기본적으로 쓰는 것입니다.

02 이집트의 파이 이야기

1 이집트에서도 기하학의 참된 기원인 논증적 태도를 찾을 수 없다는 점은 바빌로니아와 같습니다. 그렇지만 이집트 수학에서 주목할 만한 사실은 무엇인가요?

POINT

이집트 인들은 나일 강 유역에서 다양한 도형의 토지 형태를 다뤘습니다. 이러한 경험은 그들의 수학에도 반영되었습니다.

03 인도의 파이 이야기

❶ 고대 인도 수학의 경우도 문제 풀이 과정이 남아 있지 않아 아쉬움을 줍니다. 이는 고대 수학의 한계로 어떤 문제점을 안고 있나요?

POINT

선대에서부터 체계적으로 지식이 축적되면 후손들은 그 기반 위에서 더 높은 단계로 끌어올릴 수가 있는데, 지식이 제대로 축적되지 않으면 조상들과 같은 시행착오를 겪으면서 지식을 쌓아야 할 것입니다.

2 인도의 유명한 수학자 브라마굽타는 아르키메데스의 정다각형법을 이용해서 원주율을 구했는데, 여기에서 우리는 오류를 발견할 수 있습니다. 오류는 어떤 것이고 왜 그런 오해가 생겼는지 적어 보세요.

정96각형의 경우 제곱근호인 √ 안의 값을 정수로만 제한하면 987이 맞지만, 참값은 그보다 작으며 다각형의 변을 아무리 늘리더라도 987은 넘지 못합니다. 여기에서 오류가 발생한 것입니다.

04 중국의 파이 이야기

1 중국 수학에서 후한 시대의 장형이 주장한 원주율보다 전한 시대의 유흠이 주장한 원주율이 더 정확했습니다. 이런 결과가 나온 이유는 무엇일까요?

2 유휘는 원주율을 구할 때, 다른 지역 사람들과 마찬가지로 원에 내접하는 정육각형의 둘레 길이와 지름 사이의 관계비에서 시작했습니다. 그러나 유휘는 이전보다 더 발전된 사고를 보였는데 어떤 점인가요?

3 중국의 조충지가 구한 원주율 값은 독일의 오토보다 1,100년을 앞서 소수점 아래 여섯 자리까지 맞췄습니다. 이는 중국인이 서구인보다 뛰어난 계산 능력을 가졌다는 데서 비결을 찾을 수 있습니다. 중국인이 가진 뛰어난 계산 능력의 비결은 무엇인가요?

4 동양과 서양의 수학은 나란히 발전하지 못하고, 근대적 발전은 서양에서만 일어났습니다. 그 이유는 무엇인가요?

P·OINT

중국의 조충지는 서양보다 1,100년을 앞서 원주율 값을 구했지만 중국의 수학은 그 이후 논증적 태도의 결여로 발전하지 못합니다.

05 그리스의 파이 이야기

1 그리스 수학의 정신이란 무엇을 말하나요? 다른 나라와 달리 그리스 수학이 차별되는 점이 무엇인지 설명해 주세요.

P OINT

그리스 인들이 수학에서 추구한 것은 정확성 이전에 그 값에 이르는 논리와 진리였습니다. 좀 더 단순화시킨 원주율의 간략한 값 $\frac{22}{7}$ 는 진정으로 '아르키메데스의 원주율' 이라 부르기에 손색이 없습니다.

06 삼각함수와 호도법

① 전통적인 원의 정의는 '한 정점으로부터 일정한 거리에 있는 점들의 모임' 이었습니다. 아폴로니우스의 원에 대한 새로운 정의는 '두 정점으로부터 떨어진 거리의 비가 일정한 점들의 모임' 입니다. 이로써 얻을 수 있는 놀라운 사실은 무엇일까요?

② 삼각법은 중단 없이 자연스럽게 발전하게 된 수학 분야입니다. 유독 삼각법이 그렇게 계속 발전할 수 있었던 이유는 무엇일까요?

③ 호도법이란 무엇이고, 이것을 사용하는 이유는 무엇인가요?

원주율이 지름에 대한 원 둘레의 길이의 비를 말하는 것이라면, 호도법에서는 반지름에 대한 호의 길이의 비입니다. 따라서 원주율이 들어가는 어떤 값을 구할 때는 호도법을 이용해야 합니다.

07 르네상스를 거치며

1 비에트가 파이에 대하여 접근한 방법은 어떤 의의와 한계를 가지나요?

08 심화 수업

아래 식은 월리스의 식입니다. 월리스 식이 가진 가치는 무엇인가요?

$$\frac{\pi}{2}=2\times\left(\frac{2}{1}\times\frac{2}{3}\right)\left(\frac{4}{3}\times\frac{4}{5}\right)\left(\frac{6}{5}\times\frac{6}{7}\right)\cdots=2\times\frac{2\times2\times4\times4\times6\times6\times\cdots}{1\times3\times3\times5\times5\times7\times\cdots}$$

월리스의 식은 제논의 패러독스 때문에 그리스 인들이 지녔던, 무한 개념에 대한 공포를 없애는
학문적 성과를 거두었습니다.

2 파이는 알면 알수록 활용할 부분이 많습니다. 파이 연구에 대한 성과가 쓰이는 예를 들어 주세요.

memo

061권	스탈링이 들려주는 호르몬 이야기

01 첫 번째 수업

1 생물 : 자손을 낳음

　　영양소를 섭취함

　　자극에 반응함

　　세포로 되어 있음

　　생장함

　　자기 조절 능력을 가짐

　무생물 : 새끼를 낳지 않음

　　　먹이를 먹지 않음

　　　자극에 반응하지 않음

　　　세포가 없음

　　　생장, 증식하지 않음

　　　자기 조절 능력 없음

2 체온은 36.5℃로 거의 일정하게 유지되며 혈액의 양, 혈액 속 포도당의 양도 거의 일정하게 유지됩니다.

3 신경 : 손에 물체가 닿으면 그 즉시 뇌가 느끼고, 손을 움직이려고 마음먹으면 바로 움직일 수 있는 것입니다.

　호르몬 : 혈관을 흐르는 혈액이 우리 몸의 구석구석을 돌아다니기 때문에 혈액이 신호 물질을 만들어 띄워 놓으면 온몸의 세포에게 두루 연락을 취하는 신호 물질이 바로 호르몬입니다. 이러한 연락 수단이 있기 때문에 우리가 환경에 적응하며 살 수 있는 것입니다.

4 외분비샘 : 몸 밖이나 소화기로 분비되는 물질을 만드는 곳으로 침샘, 땀샘과 같은 분비관을 통해 분비액을 분비합니다.

　내분비샘 : 호르몬을 분비하는 기관으로 직접 혈액으로 분비합니다.

02 두 번째 수업

1 음식물이 십이지장에 들어가면 이자에서 때맞춰 이자액이 나옵니다. 이는 십이지장에서 이자로 혈액을 통해 연락하는 물질이 있다는 것을 실험을 통해 발견했기 때문입니다. 이것이 호르몬입니다.

2 세균처럼 단세포 생물에는 없습니다. 왜냐하면 서로 연락할 일이 없으니까요.

3 개들은 후각이 발달하여 냄새를 잘 맡기 때문에 인간보다 페로몬에 의한 표현이 강합니다. 페로몬은 매우 다양한 기능을 가지고 있습니다. 이성을 유혹하는 페로몬, 위험을 알려주는 페로몬, 생리적인 변화가 일어나게 하는 페로몬 등 상황에 따라 이점이 되기

도 하지만 오히려 낭패를 보는 경우도 생기
겠지요.

03 세 번째 수업

1 세포 표면에 수용체라는 외부 물질을 받아
들이는 장치가 있어 호르몬이 혈액을 타고
지나가다 같은 짝을 만나면 결합하여 메시
지를 전달하게 됩니다.
2 수용체가 호르몬을 받아들여야만 세포가 활
동을 하게 되는데, 수용체가 반응을 보이지
않으면 세포가 활력을 잃어 죽게 됩니다.

04 네 번째 수업

1 너무 많이 분비되면 키가 지나치게 자라 거
인이 되고, 너무 작게 분비되면 키가 자라지
않아 난쟁이가 됩니다.
2 수용체와 결합한 호르몬이 세포에 의해 분
해되는데 그에 따라 남겨지는 여분이 간에
서 분해된 다음 소변으로 배출되므로 우리
몸의 내부 건강 상태를 점검하는 자료로 사
용됩니다.

05 다섯 번째 수업

1 뇌하수체, 갑상샘, 가슴샘, 부신, 이자, 생식
선(난소, 정소)에서 호르몬이 분비되는데 이
것을 내분비샘이라고 합니다.
2 어느 정도는 가능한 것으로 볼 수 있지만 공
급량이 한정되어 있다는 점이 문제가 될 수
있습니다. 그러니 인위적인 방법보다 알맞
은 운동과 규칙적인 생활로 건강을 유지하
는 것이 더 중요합니다.

06 여섯 번째 수업

1 추울 때 : 피부 아래 있는 모세 혈관을 수축
해 열이 피부로 빠져나가는 것을 막아 줍니
다.
더울 때 : 피부 아래 모세 혈관을 확장해 열
을 방출시켜 높아진 체온을 낮춥니다.
2 갑상샘에서 티록신이 많이 분비되는 사람입
니다.
3 혈액 속에 포도당이 많으니 저장해 달라는
내용의 편지를 쓰면 되겠지요. 각자 한번 써
보세요.

07 일곱 번째 수업

1 아드레날린은 우리가 '위험하다'고 느낄 때 분비되는 호르몬입니다. 노르아드레날린은 '싸워야 된다'고 느낄 때 호르몬을 분비해 심장 박동이 빨라지고 혈관을 흐르는 혈액의 양을 늘리며, 소화 기능을 억제시켜 스트레스에 대응합니다.

2 사람에 따라 스트레스를 받는 요인이 다를 것입니다. 각자의 처지에서 스트레스에 영향을 끼치는 일들을 정리해 보세요.

08 여덟 번째 수업

1 남성 호르몬(테스토스테론)이 많이 나오면 남자가 되고, 여성 호르몬(에스트로겐)은 여자가 되는 호르몬으로 많이 분비되지 않습니다.

2 마음과 행동에 영향을 줍니다. 남성 호르몬은 목소리를 굵게 하고, 털이 나며, 근육을 발달시킵니다. 반면 여성 호르몬은 가슴과 엉덩이가 커지게 하고 피부를 부드럽게 만들어 줍니다.

09 아홉 번째 수업

1 도파인 : 기분을 좋게 하는 호르몬. 적극적인 사고를 가지도록 도와줍니다.
노르아드레날린 : 우리의 몸과 정신 기능을 활발하게 합니다.
세로토닌 : 내면의 평화와 행복감과 관련 있는 호르몬입니다.
엔도르핀 : 고통을 잊게 해 줍니다.
멜라토닌 : 잠을 자게 해 줍니다.

10 마지막 수업

1 다이옥신, PCB, DDT, 비스페놀 등 대부분 물에는 잘 녹지 않는 반면 지방에는 잘 녹기 때문에 우리 몸에 들어와 지방 조직과 결합합니다.

2 공기 중 대기나 음식물을 통해 들어옵니다.

01　첫 번째 수업

1 종이로 만들어진 것 : 휴지, 우유팩
종이로 만들어지지 않은 것 : 음료수 캔, 유리컵, 자, 메스실린더
2 식당 : 분식, 중식, 한식, 양식
약국 : 소화제, 연고, 감기약

02　두 번째 수업

1 꽃이 피는 식물은 씨로 번식하지만 꽃이 피지 않는 식물은 홀씨(포자)로 번식하므로, 번식 방법이야말로 식물을 나누는 가장 큰 기준이 될 수 있다고 생각했기 때문입니다.
2 고사리, 이끼, 다시마, 미역 등입니다.
3 암술, 수술, 꽃잎, 꽃받침입니다.

03　세 번째 수업

1 같은 종류의 생물들은 살아남기 위해 서로 경쟁하는데, 그중에서 환경에 유리하게 진화한 종만 살아남고 그렇지 못한 것은 죽습니다. 이러한 변이는 자손에게 전달되어 결국 다양한 종이 생겨나게 됩니다.
2 생물을 나누는 분류 기준이 더 다양해졌습니다. 그동안의 분류 기준은 생물의 겉모습이나 내부 구조 등으로 제한되어 있었으나, 진화와 유전이라는 개념이 알려진 이후로는 생물의 유전자를 분석하여 같은 종류인지 다른 종류인지를 알아보는 방법도 새로운 분류 기준이 되었습니다.

04　네 번째 수업

1 같은 종끼리는 교배가 가능해야 합니다.
2 아닙니다. 왜냐하면 이들 사이에서는 자손이 태어났지만 노새는 자손을 낳을 수 없기 때문입니다.
3 아종이라고 합니다.

05　다섯 번째 수업

1 종 – 속 – 과 – 목 – 강 – 문 – 계
2 옛날에 고양이, 호랑이, 개의 공통 조상인 어떤 동물이 있었는데 다양한 환경에 퍼져 살다 보니 조금씩 생김새가 다른 동물들이 나오게 되었다는 것을 알 수 있습니다. 그중 한 무리는 오늘날의 개가 되고, 다른 무리는

고양이와 호랑이의 공통 조상이 된 다음, 또
다시 시간이 흘러 다시 호랑이와 고양이로
나뉘게 된 것입니다.
3 계통수라고 합니다.

06 여섯 번째 수업

1 생물의 이름이 다르다 보니 세계 여러 나라
의 과학자들이 연구하는 데 많은 어려움을
겪었기 때문입니다.
2 학명을 붙인 사람의 이름
3 한국에 분류학이 들어온 것이 일제 강점기
였기 때문입니다.

07 일곱 번째 수업

1 등뼈(척추)가 있느냐 없느냐입니다.
2 어류 : 잉어
  양서류 : 개구리
  파충류 : 뱀
  조류 : 참새
  포유류 : 고래
3 연체동물 : 달팽이
  곤충류 : 메뚜기
  갑각류 : 게

08 여덟 번째 수업

1 스스로 양분을 만들 수 있는 엽록소가 없기
때문입니다.
2 외떡잎식물과 쌍떡잎식물입니다. 씨가 싹이
틀 때 나오는 떡잎의 수에 따라 분류합니다.
3 함부로 꽃이나 나뭇가지를 꺾지 않습니다.

063권

라그랑주가 들려주는 운동 법칙 이야기

01 첫 번째 수업

1 아리스토텔레스는 하늘은 신이 사는 곳이므로 그곳에서 일어나는 운동은 신성할 뿐 아니라 영원히 계속되어야 한다고 보았습니다. 그래서 하늘에서 일어나는 운동은 원운동이라고 생각했습니다. 반면, 땅은 미천한 동식물이 사는 곳이므로 그곳에서 일어나는 운동은 천할 뿐 아니라 오래 지속되어서는 안 된다고 보았습니다. 그래서 땅에서 일어나는 운동은 직선 운동이라고 생각했습니다.

2 물체가 계속해서 움직이려면 외부에서 지속적으로 힘을 받아야 한다고 생각했습니다.

02 두 번째 수업

1 과학은 사실을 찾아야 하는데 중세에는 연구 결과에 반하는 내용을 발표하기도 했습니다. 자연 현상의 진실을 밝혀내는 것보다 교리에 꿰맞춰 설명해야 살아남을 수 있었기 때문입니다. 예를 들어 갈릴레이가 자신이 밝혀낸 진실은 지구가 돈다는 것이었는데, 살기 위해 종교 재판에서 태양이 돈다고 증언했던 것처럼 말입니다. 그래서 중세를 암흑기라고도 합니다. 과학 연구 시 누구나가 충분히 납득할 수 있는 구체적인 증거를 떳떳하게 제시해야 합니다. 그 증거란 이론뿐 아니라 실험적 관찰까지도 포함해야 합니다. 동일한 여러 번의 실험을 통한 이론의 검증이 과학 연구에서 필요한 것입니다.

2 쇠공을 비탈에 굴리는 실험에서 쇠공은 아래로 내려갈수록 속도가 더 빨라졌습니다. 그 이유는 중력 가속도를 받기 때문입니다. 반대로 쇠공을 비탈에 밀어 올리는 실험에서는 속도가 점점 감소했습니다. 그 이유는 쇠공이 중력에 거슬러 오르기 때문입니다.

03 세 번째 수업

1 쇠공은 평면에서 운동할 때 계속 마찰을 받아 속도가 줄어들다가 결국 멈춥니다.

2 만약 평면에 마찰이 없다면 쇠공은 끝없이 나아갑니다. 원래 굴러 내리기 시작할 때 얻은 힘 이외의 힘을 계속 주지 않아도 끝없이 굴러갑니다. 아리스토텔레스는 물체가 계속 움직이려면 추가적인 힘을 계속 받아야 한다고 생각했는데 그의 생각이 틀린 것이었

습니다.

04 네 번째 수업

1 관성이란 물체가 계속 현재의 상태를 유지
하고 싶어 하는 성질입니다. 즉 정지한 물체
는 계속 정지한 상태로 있고 싶어 하고 움직
이는 물체는 계속 그 상태를 유지하고 싶어
한다는 것이 바로 관성의 법칙입니다.
2 버스가 멈추기 전까지 승객들은 앞으로 움
직이고 있었습니다. 움직이고 싶은 관성에
익숙해 있는 것입니다. 그런데 버스가 갑자
기 멈추면 승객들은 움직이는 상태를 고수
하려고 하다 보니 앞으로 고꾸라지는 것입
니다.

05 다섯 번째 수업

1 관성은 물체가 운동 상태의 변화에 저항하
는 정도로 나타낼 수 있습니다. 이때 물체가
무거울수록 저항하는 정도가 큽니다. 즉 질
량이 무거우면 관성이 강해지고 질량이 가
벼우면 관성이 약해집니다. 이처럼 질량과
관성은 비례하는 관계로, 질량이 바로 관성
의 세기를 가늠하는 척도인 것입니다.
2 질량은 변하지 않는 물체의 고유한 양을 말

합니다. 지구나 달이나 어디에서 재더라도
질량은 변하지 않습니다. 반면 무게는 중력
이 잡아 당기는 힘입니다. 그래서 같은 물체
라도 지구에서의 무게와 달에서의 무게가
다릅니다. 즉 무게는 장소에 따라 변화하는
양을 말합니다.

06 여섯 번째 수업

1 "가속도와 힘은 비례한다. 가속도와 질량은
반비례한다." 이것을 식으로 정리하면,
가속도 ＝ 힘 ÷ 질량, 힘 ＝ 가속도 × 질량
2 힘은 표준 물체가 얻은 가속도이다(여기에
서 표준 물체는 킬로그램원기라고 부르는데
질량이 정확히 1킬로그램입니다).

07 일곱 번째 수업

1 벡터(크기와 방향이 모두 있는 것) : 속도(방
향이 포함되어 있다), 무게(중력이 잡아당기
는 힘이므로 방향이 있다)
스칼라(크기만 있는 것) : 속력, 질량
2 힘의 크기, 힘의 방향, 힘의 작용점

08 여덟 번째 수업

1 관성력은 운동에 저항하는 힘입니다. 그래서 관성력은 운동 방향과 반대입니다. 갑자기 출발하는 버스의 힘의 방향은 앞쪽이고 관성력은 뒤쪽입니다. 그래서 버스가 갑자기 출발하면 뒤로 넘어지는 것입니다.

2 엘리베이터가 상승할 때는 그 반대 방향인 아래쪽으로 관성력이 생깁니다. 또한 관성력과 같은 방향으로 끌어당기는 중력이 있습니다. 중력과 관성력이 합해져 몸무게가 증가합니다.

09 아홉 번째 수업

1 작용이 있으면 그에 대한 반작용이 반드시 있다는 것입니다. 작용과 반작용은 크기가 같고, 방향은 반대입니다.

2 로켓이 발사될 때 아래쪽으로 엔진이 출력합니다. 아래쪽으로 발생하는 힘을 작용이라고 한다면 위쪽으로 같은 크기의 반작용이 생깁니다. 그래서 그 힘으로 로켓이 상승하는 것입니다.

10 마지막 수업

1 결정론이란 초기 조건만 완벽하게 주어진다면 그 다음 상황을 한 치의 오차도 없이 예측할 수 있다는 이론입니다.

2 결정되어 있어서 미래를 예측할 수 있다면 실수나 잘못은 피할 수 있어 좋을 것입니다. 그러나 주어진 틀 안에서 예상대로 살아가는 것은 답답하고 재미없을 것입니다. 예기치 못한 문제에 부딪혔을 때 자신의 의지로 그 문제를 해결해 가는 것이 훨씬 살아 있다는 느낌을 줄 것입니다.

064권 마이컬슨이 들려주는 프리즘 이야기

01 첫 번째 수업

1 햇빛은 모든 에너지의 근원입니다. 식물은 광합성을 해서 에너지를 만들므로 빛이 없다면 식물이 살 수 없고 그 식물을 먹고 사는 동물들이 멸종하고 생태계는 무너질 것입니다. 인간만 하더라도 빛이 없으면 너무 추워서 살 수 없고 아무것도 볼 수 없습니다.

2 아리스토텔레스는 빛의 색깔이 순수한 흰색이 아니라고 생각했습니다. 왜냐하면 흰색은 불순물이 전혀 섞이지 않은 순수의 색 그 자체이기 때문입니다. 그러나 실제 빛의 색은 아리스토텔레스가 생각한 것과는 달랐습니다.

02 두 번째 수업

1 뉴턴이 빛의 색을 알아보기 위해 이용한 광학 기계는 삼각형 모양의 프리즘입니다. 이 프리즘을 통과한 빛의 색깔은 빨강, 주황, 노랑, 초록, 파랑, 남색, 보라색의 일곱 가지 무지개 색깔이었습니다.

2 프리즘을 통과한 빛은 꺾이는데 그 꺾이는 정도에 따라 색깔이 다릅니다. 빛이 꺾이는 정도를 굴절이라고 합니다. 빛이 다르게 꺾인다는 것은 빛의 움직이는 모습과 움직이는 속도가 같지 않아서인데, 이런 빛의 움직이는 모습과 정도를 파장이라고 합니다. 파장은 빨강이 가장 길고 보라가 가장 짧습니다. 파장이 짧다는 것은 파장이 긴 경우보다 옆으로 꺾기가 더 수월하므로 보라가 굴절각이 가장 큽니다. 또한 빛이 일곱 가지 색으로 나뉘는 것을 분산이라고 합니다. 무지개는 자연 현상이 낳은 분산의 좋은 예입니다.

03 세 번째 수업

1 빨간색 빛은 더 이상 나눌 게 없으므로 분산이 일어나지 않습니다. 즉 열 개의 프리즘을 통과한 빨간색 빛은 그대로 빨간색을 띱니다. 또한 파장은 각각의 빛이 가진 고유의 특성이므로 몇 개의 프리즘을 통과하든 변하지 않습니다. 그러므로 빨강이 굴절하는 각도는 몇 개의 프리즘을 통과하든 똑같습니다.

2 분산된 색을 프리즘에 다시 넣는다는 것은

흩어진 걸 다시 모은다는 뜻입니다. 그러므로 무지개 색으로 분산되기 전의 색인 흰색(백색광)으로 돌아갑니다.

04　네 번째 수업

1 건전한 비판은 서로 도움을 줄 수 있지만 일방적인 감정적 비난은 양쪽 모두에 도움이 되지 않습니다. 특히 과학에서는 기존의 업적만을 강조하기보다 열린 마음으로 충분한 실험을 통한 객관적이고 논리적인 검증 자세가 필요합니다. 일화에 나온 뉴턴 지지자들의 닫힌 자세는 빛의 본성을 밝히는 데 오히려 장애만 됐을 뿐입니다.

05　다섯 번째 수업

1 빛의 입자론은 빛이 지그미친 알갱이와 같은 입자로 이루어져 움직인다고 보는 이론입니다. 빛의 파동론은 빛이 물결과 같은 파동처럼 움직인다는 이론입니다.

2 회절은 빛이 휘는 것인데 장애물과 직접 충돌하여 휘는 것이 아니라 장애물을 타고 넘어가 휜다는 것입니다. 그런데 파동은 쉽게 옆으로 퍼지거나 아래로 휘어지면서 아래로 내려갈 수가 있지만 입자는 그런 행동이 쉽

지 않습니다. 그래서 빛의 회절 실험에서는 빛의 파동론이 더 우세합니다.

3 간섭은 둘 이상의 파동이 모여서 어느 부분에서는 강해지고 어느 부분에서는 약해지는 현상입니다. 빛이 입자라면 세 번째 칸막이에서 밝은 부분-어두운 부분-밝은 부분이 나타납니다. 하지만 빛이 파동이라면 간섭으로 인해 밝은 부분과 어두운 부분이 순서 없이 여럿 나타날 것입니다. 실험 결과는 밝은 부분과 어두운 부분이 순서 없이 여럿 나타났고 이것이 파동론의 근거가 되었습니다.

06　여섯 번째 수업

1 푸코는 물을 가득 채운 수조에 빠르게 회전하는 거울을 넣고 광속을 측정하였는데, 그 결과 물속에서 광속은 느려졌습니다. 이로 인해 파동론이 입자론보다 우위에 서게 됐습니다.

2 전기와 자기는 파동의 형태를 띠고 있습니다. 전자기파의 속도는 광속과 같습니다. 즉 빛은 전자기파이고 전자기파는 파동입니다.

07 일곱 번째 수업

1 파동은 예외 없이 매질을 필요로 합니다. 매질이란 파동이 나아가는 데 도움을 주는 물질입니다. 그러므로 매질이 없으면 파동의 존재 역시 의미가 없어집니다. 소리가 전달되는 것도 공기라는 매질이 있기 때문입니다.

2 지구 밖이 에테르로 가득 차 있는데도 천체가 또렷하게 보이는 건 에테르가 투명하기 때문이며, 에테르 속에 있는 천체가 아래로 떨어지지 않는 것으로 보아 에테르는 딱딱한 고체라고 생각했습니다.

08 여덟 번째 수업

1 에테르는 강철보다 강하고, 질량이 없는 것이나 마찬가지이며, 어느 것이라도 거침없이 뚫고 지나가는 성질을 가지고 있습니다.

2 에테르를 포기한다는 것은 매질을 거부한다는 뜻이고 빛의 본성이 파동이라는 것을 부정한다는 것이기 때문입니다.

09 아홉 번째 수업

1 가만히 정지해 있는 에테르를 들뜨게 해서

일으키는 바람을 '에테르의 바람'이라고 합니다. 그리고 이런 에테르의 바람으로 에테르 속을 지나는 빛이 변화할 것입니다.

2 같은 방향으로 움직이는 경우 상대가 느끼는 속도는 빼 주고, 반대 방향으로 움직이는 경우 상대가 느끼는 속도는 더해 주면 된다는 원리를 적용합니다. A지점에서 관측한 별빛의 속도는 별빛의 속도에 지구의 공전 속도를 뺀 값이 나오고, B지점에서 관측한 별빛의 속도는 별빛의 속도에 지구의 공전 속도를 더한 값이 나옵니다. 그러므로 마이컬슨은 두 지점에서 관측한 별빛의 속도가 달라야 한다고 생각했습니다.

10 마지막 수업

1 마이컬슨의 예상과 달리 두 지점의 광속에는 차이가 없었습니다. 즉 광속은 어디에서나 일정하다는 것입니다. 여기에서 우리는 광속 불변의 원리를 알 수 있습니다.

2 빛은 입자적 성질과 파동적 성질을 함께 가집니다. 어떤 때는 입자와 같은 특성이 강하게 나타나고 어떤 때는 파동과 같은 특성이 강하게 나타납니다.

065권 메톤이 들려주는 달력 이야기

01 첫 번째 수업

1 양력은 해의 움직임에 맞춰서, 음력은 달의 움직임에 맞춰서 만들어진 달력입니다. 그리고 우리는 양력을 기준으로 사용합니다.
2 열두 달 이외에 추가해서 3년마다 한 달씩 윤달을 넣는 방법을 사용합니다.

02 두 번째 수업

1 자연에는 주기적인 순환이 있습니다. 밤과 낮, 사계절의 순환이 있습니다.
2 지구가 태양 주위를 돌기만 하는 것이 아니라 남극과 북극을 지나는 축을 중심으로 돌기도 하는데 이런 현상을 지구가 자전한다고 합니다. 하루 한 바퀴씩 도는 지구의 자전은 낮과 밤을 만들고, 태양 주위를 도는 지구의 공전 운동은 계절에 영향을 줍니다.

03 세 번째 수업

1 계절의 변화를 알 수 없기 때문에 앞으로 닥칠 일을 예측할 수 없어 불안하고 농사에 큰 지장이 있게 됩니다. 또한 상업적 목적이나 하늘이나 신에게 제사를 지내는 제관이나 성직자에게도 필요합니다. 이 외에 여러분이 생각하는 많은 불편함을 예측할 수 있겠지요. 더 많은 문제를 생각해 보세요.

04 네 번째 수업

1 태양일 : 해가 가장 높이 뜬 때부터 다음 날 해가 가장 높이 뜬 때까지를 하루로 정합니다.
별 : 별이 자오선상에 남중한 뒤 다시 남중할 때까지를 하루로 정합니다.
2 정오는 천문학적으로 특별한 시각(태양이 남중하는 시각)이면서 관측하기에 가장 쉽기 때문입니다.

05 다섯 번째 수업

1 어떤 한 별을 정해서 별이 어느 위치에서 보이다가 다시 같은 위치에서 보일 때까지의 날수를 세는 방법입니다.
2 각자 자신이 의미를 정할 수 있는 날을 정하고 싶어 할 것입니다. 민족이나 종파에 따라 갈등이나 불만이 있겠지민, 나만의 새해를

정해 보는 것도 나름으로 의미가 있을 것으로 생각합니다.

3 하짓날 태양이 지평선 아래로 지지 않아 하루 종일 '밝은 밤'을 이루게 되고, 동짓날에 태양이 떠오르지 않습니다.

06 여섯 번째 수업

1 음력은 달을 삭망월 주기에 맞춰서 사용하므로 한 달이 29일 또는 30일이 되지만, 양력에서는 달의 모양이 변하는 주기를 고려하지 않으므로 1년을 열두 달로 나누고 또 한 달을 30일 또는 31일로 합니다.

2 음력 매달 1일은 천문학적으로 특별한 의미를 가집니다. 이날은 항상 삭망으로 새로운 달이기 때문입니다.

07 일곱 번째 수업

1 민족이나 지역에 따라 전혀 다른 전통과 문화, 종교와 역사적 배경에 의해 도입되는 경우가 많습니다.

2 고대 바빌로니아인들은 행성에 신이 살면서 우리 인간 세계를 지배한다고 믿었습니다. 그래서 다섯 개의 행성, 즉 수성, 금성, 화성, 목성, 토성에 태양과 달을 합하여 일곱

개 천체가 우주의 시간과 공간을 지배하며 날짜를 지배한다고 믿는 데 근거를 두었습니다.

08 여덟 번째 수업

1 프랑스의 아브리 블랑샤르에서 발견된 달력은 독수리의 뼈 조각에 달이 변하는 모양을 새겨 넣었습니다.

2 태음태양력은 24절기를 도입해 음력에서 황도상의 표준이 되는 스물네 개의 점을 일정한 간격으로 배분해 24절기를 보고 농사짓는 시기를 놓치지 않도록 하였기 때문입니다.

3 고종 32년(1895년) 11월 17일(음력)을 건양 1년(1896년) 1월 1일로 정하여 처음으로 태양력이 시행되었습니다.

09 아홉 번째 수업

1 이집트 제1왕조 때 만들어진, 1년을 365일로 하는 태양력을 근간으로 4년마다 하루씩 윤일을 두고 로마력에서 늘어난 10일을 각 달 끝에 나누어 넣어서 달을 고르게 하였습니다. 하지만 이렇게 열두 달을 배열하면 1년은 366일이 되므로 평년에는 하루가 모자라

게 됩니다. 이 모자라는 하루를 로마의 관습에 따라 2월에서 빼내 2월은 29일이 되는 것입니다.

2 1월은 계획을 세우는 달, 나이를 먹는 달, 어린이가 기다리는 달 등 이런 식으로 각자의 의미를 담아 새로운 이름을 만들어 보세요.

10 열 번째 수업

1 서기 연도가 4로 나누어지는 해를 윤년으로 하되 서기 연도가 100으로 나누어떨어지는 해는 평년으로 하고, 서기 연도가 다시 400으로 나누어떨어지는 해는 윤년으로 했습니다.

11 열한 번째 수업

1 태음력 : 천문학적으로 대단히 정밀한 달력입니다. 매달 1일은 달이 시작되는 날이고 일식과 월식의 예측도 가능합니다.
태양력 : 일 년의 길이에 관해서 매우 정확하다는 점입니다.

12 마지막 수업

1 산호나 스트로마톨라이트 화석을 통해서 확인할 수 있습니다. 산호는 얇고 신선하며 가느다란 탄산칼슘 띠를 하루에 한 줄씩 만듭니다. 이 띠를 세어 보면 산호의 성장 기간을 알 수 있는데 고생대 데본기에 서식했던 산호 주름 띠는 평균 400개임이 밝혀졌습니다.

066권 | **로슈가 들려주는 조석 이야기**

01 첫 번째 수업

1 밀물은 해수면이 높아질 때 해안으로 바닷물이 흘러들어 오는 흐름을 말하고, 썰물은 해수면이 낮아질 때 바다로 빠져나가는 흐름을 말합니다.

2 영국 서해안, 프랑스 북서 해안, 칠레 남서단, 마젤란 해협, 우리나라 서해안의 조차가 큽니다.

지형적 특성은 안쪽으로 갈수록 양쪽 해안이 급경사를 이루어 수심이 얕아지기 때문이거나, 해안선 출입이 심하고 만이 긴 지형에 조차가 크게 나타납니다.

02 두 번째 수업

1 조석이 계절과 관계없이 보름을 주기로 교대로 일어나기 때문이고, 태음일의 절반(12시간 50분) 주기로 되풀이되기 때문이었습니다.

2 뉴턴은 조석을 일으키는 힘은 조석력인데 조석력은 달이나 태양의 만유인력이 지구의

03 세 번째 수업

1 밀물과 썰물이라고 하는데 달과 지구의 중심을 지나는 축을 따라 밀물이 되고, 이 축과 수직인 방향을 따라서는 썰물이 됩니다.

2 조석력은 다른 천체로부터 천체의 두 지점에 작용하는 만유인력의 차이입니다. 만유인력은 달보다 태양이 180배 크지만 거리는 태양이 달보다 390배 멀리 있어 지구 중심과 표면에 미치는 만유인력의 차이는 오히려 달의 경우보다 작아지기 때문입니다. 조석력은 만유인력과 달리 거리의 세제곱에 반비례하기 때문에 멀리 있는 태양의 조석력이 가까이 있는 달의 조석력 보다 더 작아지는 것입니다.

3 태양의 주위를 돌고 있는 금성이나 화성 같은 천체도 지구에 만유인력을 작용합니다. 그러나 다른 행성들은 지구와 가까이 있다고 해도 달과 태양에 비해 100배 이상 멀리 있거나 질량도 작아 영향이 아주 작습니다.

04 네 번째 수업

1 산호나 스트로마톨라이트, 조개 등의 화석에 새겨진 나이테로 알 수 있는데 산호는 얇고 가느다란 탄산칼슘 띠를 하루에 한 줄씩 만듭니다. 화석에 이 띠가 남아 있으므로 띠의 개수를 세어 보면 당시의 1년 날수를 알 수 있습니다.

05 다섯 번째 수업

1 지구의 지진은 지각의 흔들림을 말합니다. 반면 달의 지진은 달 표면의 흔들림을 말하면 월진이라 합니다.

2 지구의 내부에 있는 갖가지 방사성 동위원소가 서로 반응하고 붕괴해서 방대한 열에너지를 발함으로써, 암석을 녹여 마그마를 만들고, 이것을 기포로 분출히어 화산 활동이 지속적으로 일어나고 있는 것입니다.

06 여섯 번째 수업

1 행성의 위성도 로슈 한계 내로 들어오면 행성의 조석력 때문에 부서지게 되는데 이것은 행성이 위성에 미치는 조석력이 위성 자체 중력보다 커져서 위성이 깨지는 것입니

다. 위성이 행성보다 가벼워 중력이 약하기 때문에 행성들보다 덜 단단하게 뭉쳐지게 되어 깨지기고 쉬운 것입니다.

2 태양계 내의 큰 위성들은 모두 행성의 로슈 한계 훨씬 밖에서 돌고 있기 때문에 위성이 깨지는 일이 없는 것입니다.

07 일곱 번째 수업

1 이 혜성은 탄소나 규소와 같은 먼지 덩어리 휘발성 물질과 함께 얼어붙어 만들어진 것입니다. 소행성에 비해 상대적으로 응집력이 느슨한 행성으로 충돌하기 2년 전 목성의 구름 위 약 5만 킬로미터 상공을 지나게 되는데 이 지점은 로슈 한계 안이었기 때문에 목성의 조석력에 의해 깨어진 것입니다.

2 영화 〈딥 임팩트〉에서처럼 원자 폭탄을 이용해 로슈 한계에 오기 이선에 파괴를 하면 될까요? 여러분이 알고 있는 과학적 지식과 상상력을 발휘해 보세요.

08 여덟 번째 수업

1 장점 : 석유나 석탄과 같이 유한한 자원이 아니라 무한한 조석 에너지입니다. 공해 물질 배출이 없습니다. 기후나 계절의 영향을

받지 않습니다. 건설 비용이 많이 들지만 유
지비가 저렴합니다.

단점 : 발전소를 건설할 수 있는 간만의 차
가 큰 지역이 제한되어 있습니다. 사리나 조
금에 따라 발전 능력이 변동하는 문제점을
가지고 있습니다. 투자 시 시설비가 많이 들
어 경제성에서 화력이나 원자력 발전에 비
해 효율이 떨어집니다.

09 마지막 수업

1 평균 해면 결정이나 조석 예보, 해황 변동
등을 파악하는 데 필요하고, 항만 공사나 항
해 등의 기초 자료로 사용합니다.

067권　피셔가 들려주는 통계 이야기

01 첫 번째 수업

1 학생들이 어느 계절을 더 좋아하는지 바로
알 수 있는 것은 막대그래프, 각 계절을 좋
아하는 학생 수를 구하려면 표가 편리합니
다.

02 두 번째 수업

1 남학생의 막대와 여학생의 막대를 다른 색
으로 구별하여 사용합니다.
2 남학생이 제일 좋아하는 산과 제일 싫어하
는 산, 각각의 산에 대해 남학생과 여학생이
좋아하는 정도의 차이를 알 수 있습니다.

03 세 번째 수업

1 그림그래프입니다.

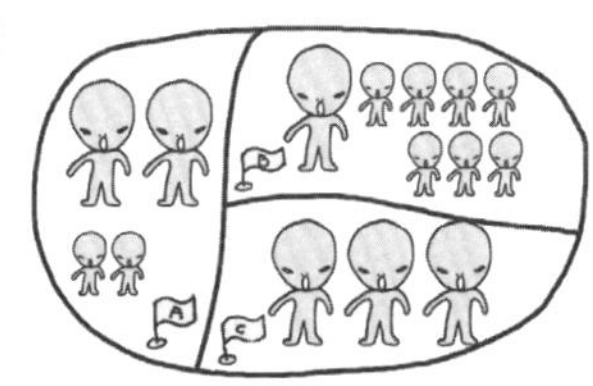

04 네 번째 수업

1 %, 퍼센트
2 A형 : 40%, B형 : 20%, O형 : 30%,
  AB형 : 10%

05 다섯 번째 수업

1 진주의 평균을 먼저 구합니다. 두 점수를 더하면 160이고 이것을 2로 나누면 80이므로 진주의 평균은 80점입니다. 같은 방식으로 민재의 평균을 구해 봅시다. 민재의 점수를 더하면 170이고 이것을 2로 나누면 평균 85점이 나옵니다. 그러므로 민재가 진주보다 성적이 높습니다.
2 70＋80＋90＝240입니다. 이것을 3으로 나누면 평균은 80점입니다.

06 여섯 번째 수업

1 점수들이 평균 주위에 몰려 있는지 그렇지 않은지를 조사하는 것입니다.
2 A반의 경우 점수 차가 크다는 것을 생각해 0점에서 100점을 맞는 학생들까지 배려해야 합니다. B반의 경우 학생들 점수가 비슷하므로 그 평균에 맞춰야 합니다.

07 일곱 번째 수업

1 수학 점수가 올라가면 과학 점수도 올라가는 관계를 나타냅니다.
2 비스듬히 아래로 내려가는 모양이 됩니다.

08 여덟 번째 수업

1 앞면이 나오는 경우의 수 : 1가지
  앞면이 나오지 않을 경우의 수 : 1가지
2 동전 하나를 던졌을 때, 앞면의 개수는 0 또는 1입니다. 그러므로 0과 1의 평균을 구하면 됩니다. 즉 0.5가 나옵니다. 따라서 동전 하나를 던졌을 때, 앞면이 0.5번 나올 것이라고 기대할 수 있습니다.

09 마지막 수업

1 여러분이 낼 수 있는 답안지는 다음 4가지 경우 중 하나입니다.

○○, ○×, ×○, ××

두 문제의 정답이 모두 ○라고 하면 4가지 경우 중 하나가 됩니다.

○○(2점), ○×(1점), ×○(1점), ××(0점)

따라서 네 점수의 평균은 1이므로 기대 점수는 1점입니다.

2 문제 수가 늘어날수록 기대 점수는 높아지고, 기대 점수는 문제 수의 절반이 됩니다.

068권 　가가린이 들려주는 무중력 이야기

01 첫 번째 수업

1 지구가 공보다 훨씬 무겁기 때문입니다. 지구와 공이 서로 당기는 힘은 같지만 지구의 질량이 너무 크기 때문에 잘 움직이지 않는 것입니다.

2 무게는 힘이므로 질량과 가속도를 곱해야 합니다. 그러므로 60kg인 사람의 무게는 지구의 가속도 $10m/s^2$을 곱한 600N입니다.

02 두 번째 수업

1 엘리베이터를 작동하면 가속도가 생기는데 엘리베이터가 위로 올라가면 몸은 원래의 상태로 있고 싶어 하는 성질이 있어 중력이 커지고, 아래로 내려가면 몸의 상태는 원래 상태로 있고 싶어 하므로 위쪽 방향으로 힘을 받아 무게가 줄어듭니다.

2 무중력 상태라고 합니다. 엘리베이터 밖의 관찰자에게 안쪽의 사람은 지구의 중력에 의해 자유 낙하하는 것으로 보입니다. 그러나 안쪽의 사람에게는 지구의 중력과 반대

방향으로 관성력이 작용하여 물체에 작용하는 전체의 힘이 0인 것처럼 보입니다. 그래서 중력이 사라진 것처럼 느끼게 되는 것입니다.

03 세 번째 수업

1 관성력에 의한 무중력 상태, 지구의 중력이 너무 약해져서 중력이 거의 없다고 생각되는 무중력 상태가 있습니다.

2 로켓 뒤에 방을 만들어 로켓을 일정한 속력으로 움직이면 가속 운동을 하지 않기 때문에 방에 있는 사람은 무중력 상태가 되고, 관성력이 생기지 않습니다. 이때 가속하면 가속 방향과 반대 방향으로 관성력이 생겨 둥둥 떠 있던 사람이 바닥으로 떨어지게 됩니다. 로켓의 가속 운동이 중력을 만든 것처럼 여겨지는 것입니다.

3 도넛 모양의 통을 일정한 속력으로 회전시켜 중력이 있는 것처럼 만들면 됩니다. 그러면 물체는 가속 운동을 하여 가속도가 생기고, 관성력이 그와 반대 방향으로 작용하여 바깥쪽을 땅바닥 공간으로 만듭니다. 그림은 본 도서 44쪽을 참고하면 됩니다.

04 네 번째 수업

1 관성 법칙을 이용하면 됩니다. 줄이나 용수철을 이용해 용수철이 흔들리는 정도에 따라 무게를 알 수 있습니다.

2 볼펜은 액체이므로 중력이 없는 상태에서는 액체가 아래로 내려오지 않습니다. 그러나 연필을 사용하면 글을 쓸 수 있습니다.

05 다섯 번째 수업

1 연소 때 생긴 연기가 위로 올라가지 못하고 불꽃 주위를 감싸기 때문입니다. 따라서 연기가 불꽃과 산소가 만나는 것을 방해하기 때문에 불꽃이 금방 꺼지게 되는 것입니다. 무중력 공간에서는 모든 것의 무게가 0이므로 지구에서처럼 뜨거운 공기가 위로 올라가지 않습니다.

2 무중력 상태란 잡아당기는 힘인 중력이 사라진 상태입니다. 둥둥 떠다니는 상태라고는 하지만 어려울 것입니다.

06 여섯 번째 수업

1 하등한 생물은 유전자의 변화가 생기므로 지구의 생물보다 커지거나 특성 성분이 더

많이 포함된 과일이나 채소를 만들 수 있습니다.

2 우리 귓속의 세반고리관이라는 기관이 몸의 중심을 잡을 수 있게 하는데, 중력이 없어지면 세반고리관이 제 기능을 하지 못해 멀미를 하게 됩니다.

07 일곱 번째 수업

1 건조 식품은 주머니 안에 넣어 보관하여 물을 부어 불어나게 한 다음 밀어 먹으면 되고, 액체 종류는 빨대를 이용하거나 손으로 긁어서 입으로 밀어 넣으면 됩니다.

2 밀폐 공간이므로 환기가 되지 않아 냄새로 불쾌감을 느끼고, 방귀의 가스에서 발생하는 메탄이나 수소는 불에 잘 붙으므로 폭발 위험이 있기 때문입니다.

08 여덟 번째 수업

1 중력이 없어 무엇이든 떠다니게 되므로 쓰레기가 생기지 않게 주의하여야 하고, 공기를 더럽히는 분말은 되도록 사용하지 말아야 합니다.

2 대기권으로 들어온 뒤에도 우주 왕복선은 공기와 마찰을 합니다. 그러므로 제트기의

속력을 유지해야 하고, 온도를 유지할 수 있는 내열 타일을 붙이면 안전하게 대기권으로 들어올 수 있습니다.

09 마지막 수업

1 도넛 모양으로 스페이스 콜로니가 회전하므로 중력이 생기고, 초대형 거울을 통해 햇빛을 만들어 각도를 바꿈에 따라 계절을 만듭니다. 또한 태양 전기를 이용하여 전기를 사용하고, 인공비를 내려 농사를 지을 수 있게 됩니다.

2 혹시라도 있을 지구의 위기 상황을 대비하여 지구인 중 일부를 대피시켜 인간 종말을 막기 위해서입니다.

069권 | 길버트가 들려주는 자석 이야기

01 첫 번째 수업

1 병따개를 냉장고에 항상 붙어 있게 합니다. 냉장고 문에 자석을 붙여 문이 가까이 오면 달라붙습니다. 이 밖에도 필통 뚜껑, 바둑판 등이 있습니다.

2 힘 센 돌, 짝꿍 돌 등 여러분이 부르고 싶은 이름을 적어 봅니다.

02 두 번째 수업

1 자석에 붙는 것 : 바늘, 압정, 가위
자석에 붙지 않는 것 : 알루미늄 깡통, 동전, 금반지, 플라스틱, 나무, 유리컵, 종이
쇠붙이로 이루어진 물체는 자석에 달라붙습니다.

2 막대자석, 말굽자석, 동전자석이 있습니다. 동전자석은 책가방이나 핸드백 등에 쓰입니다.

03 세 번째 수업

1 자석과 쇠붙이 사이의 거리가 가까울수록 자석이 쇠붙이를 당기는 힘이 셉니다. 막대자석은 양 끝이 힘이 가장 셉니다.

04 네 번째 수업

1 책받침 위에 못을 놓고, 책받침 밑에 막대자석을 대면 자석이 움직이는 대로 못이 움직입니다.
물이 들어 있는 그릇 위에 핀을 꽂은 종이배를 띄운 다음 물속에 막대자석을 넣어 자석을 움직이면 종이배가 움직입니다.

2 종이, 알루미늄판: 여전히 쇠붙이는 자석에 달라붙습니다.
다른 쇠붙이 : 자석의 힘이 전달되지 않아 쇠붙이와 자석이 떨어집니다.

05 다섯 번째 수업

1 자석의 다른 극끼리는 서로 밀치고, 같은 극끼리는 서로 당깁니다.

2 수레의 뒤에 자석의 N극을 가져다 대고 수레의 앞에도 자석의 N극을 가져다 대면 앞부분은 서로 다른 극이 되어 끌려가고, 뒷부

분은 서로 같은 극이 되어 밀치기 때문에 수
레는 빨리 움직입니다.

06 여섯 번째 수업

1 빨간 자석의 잘라진 부분이 다른 자석의 N
극에 달라붙습니다. 자석은 N극과 S극으로
나뉘어도 다시 N극과 S극이 생깁니다.
2 처음에 클립을 자석에 붙이면 클립도 자석
이 됩니다. 이때 자석의 N극에 클립이 붙으
면 자석에 붙은 클립 부분은 S극이 됩니다.
이때 클립을 떼어 S극에 대면 서로 같은 극
이기 때문에 밀치게 되는 것입니다.

07 일곱 번째 수업

1 녹음용 자기테이프는 자석을 이용해 소리를
저장합니다. 테이프 속에 들어 있는 작은 새
끼 자석들의 방향을 바꾸어 녹음을 하지요.
그런데 옆에 자석을 두면 테이프 속 새끼 자
석들이 모두 같은 방향을 가리키게 되어 소
리가 지워집니다.
2 첫 번째, 자석은 열에 약하므로 자석을 뜨겁
게 달굽니다. 두 번째, 자석에 충격을 주면
성질이 약해지므로 자석을 망치로 때립니
다.

08 여덟 번째 수업

1 지구 깊은 곳은 철이나 니켈로 이루어져 있
는데, 이들이 바로 자석의 재료이기 때문입
니다. 지구 속에 있는 거대한 자석은 남극
방향이 N극, 북극 방향이 S극입니다.
2 목성 속에 들어 있는 자석은 남쪽이 S극이
고, 북쪽이 N극인 자석이기 때문입니다.
3 먼저 자석, 바늘, 접시, 스카치테이프, 코르
크, 종이를 준비하세요. 자, 이제 종이를 동
그랗게 오려 접시에 붙이세요. 다음에는 자
석의 S극으로 바늘을 열 번 정도 문질러요.
이때 바늘귀에서 바늘 끝 방향으로 계속 같
은 방향으로 문질러야 합니다. 그리고 코르
크 위에 바늘을 스카치테이프로 고정시키세
요. 접시에 물을 붓고 코르크를 띄웁니다.
이때 바늘 끝이 가리키는 방향이 북쪽이라
는 표시를 넣으면 나침반이 완성됩니다.

09 마지막 수업

1 철새의 뇌 속에 작은 자석이 들어 있어 나침
반의 역할을 하기 때문입니다. 그래서 철새
머리에 강한 자석을 붙이면 철새는 길을 잃
습니다.
2 사람의 세포 속에는 작은 자석들이 들어 있

습니다. 원통에 있는 강항 자석이 세포 속의 작은 자석들을 떨리게 합니다. 이때 외부에서 같은 빠르기로 떨리는 빛을 몸에 쪼이면 작은 자석들의 떨림이 커져 대부분의 빛 에너지를 흡수하게 됩니다. 이때 빛을 흡수한 부분과 그렇지 않은 부분이 구별되어 나타나게 되므로 몸속의 세포 모습을 알 수 있습니다.

070권   오일러가 들려주는 파이 이야기

01 첫 번째 수업

1 π라는 기호는 원의 둘레가 지름의 몇 배인가를 나타내는 기호입니다. 이 값을 원주율이라고 하는데 이것만 알면 원에 관해서는 필요한 모든 지식을 얻을 수 있습니다. 즉, 원의 넓이를 구하거나 원 모양과 관련된 모든 정보를 알기 위해서는 원주율 π를 알아야 하기 때문에 중요한 것입니다.

2 삼각함수 tanx에서 x의 값이 0이 아닌 유리수 일 때, tanx는 절대 유리수가 될 수 없음을 증명했습니다.
그런데 $\tan\frac{\pi}{4}=\tan45°=1$로써 유리수입니나. 따라서 π는 부리수임을 증명했습니다.

3 바빌로니아 사람들의 60진법 사용에 영향을 주었습니다. 그들은 이런 이유로 원을 360도로 나누었고, 나중에 1시간을 60분으로, 1분을 60초로 분할했습니다.

4 10진법은 10개가 되면 자릿수를 올리는 것입니다. 예를 들어 $5+5=10$으로 한 자리에서 두 자리로 올립니다. 60진법은 60이

되면 자릿수를 올리는 것입니다. 시간을 헤아릴 때 60초가 되면 1분이 되는 것이 그 예입니다.

02 두 번째 수업

1 비록 틀린 가정을 했지만 기하학적 도형들의 상호 관계에 주목했다는 사실입니다. 그래서 이집트 수학이 그리스 수학에 가장 가깝다고 할 수 있습니다.

03 세 번째 수업

1 수학 전체의 짜임새에 맞춰 체계적으로 발전하기 위해서는 지식의 공개에 따른 반론과 지적에 의한 개선이 꼭 필요합니다. 그런 과정을 밟지 않으면 발전이 중단되고 맙니다.

2 정다각형의 근삿값부터 잘못 계산했기 때문입니다. 이는 1,000이라는 인위적 기준수를 원주율이라는 자연적 기준수와 동일시하기 쉬운 착각 때문이었습니다. 또한 근삿값을 정교하게 다룰 수 있는 계산 능력에 한계가 있기도 했습니다.

04 네 번째 수업

1 참값과 근삿값을 비교할 수 있는 정도의 지식을 가지고 있지 않아서 발생한 결과입니다.

2 유휘의 경우 정192각형이 원에 내접하는 경우와 외접하는 경우를 각각 구하여 원주율이 그 사이의 범위에 들어야 한다는 발전된 사고를 보였습니다. 참값의 범위를 명확히 해 둔 것입니다. 이는 그 범위를 좁혀 나가다 보면 점점 더 정밀한 값을 구할 수 있다는 점에서 무척 빛나는 업적입니다.

3 중국인은 10진법을 사용해서 계산하였으므로 60진법으로 하는 것보다 훨씬 덜 번거로웠을 것입니다. 또한 자릿수를 나타내는 '0'의 개념을 가졌습니다. 여기에 끈기를 더한 결과가 탁월한 계산을 가능하게 한 것입니다.

4 중국의 수학 발전을 오랫동안 가로막았던 장애물은 논증적 태도가 결여 되어 있는 점입니다. 논리적 토대 위에 꾸준한 검증과 비판이 있어야만 발전하는데 그런 점이 부족했습니다. 또한 세로쓰기 고집과 수학 기호를 사용하지 않은 태도도 중국의 수학 발전을 막은 요인입니다.

05 　다섯 번째 수업

1 그리스 수학 정신은 '그럴 수도 있는 사실'로부터 당장 필요한 실용적 결과를 얻기보다는 '반드시 그럴 수밖에 없는 논리'로부터 필연적 진리를 추구합니다. 따라서 그리스 수학은 논증적 태도를 바탕으로 합니다. 또 그리스에서는 문제를 공개 논의할 수 있도록 했다는 점이 다른 나라의 수학과 차별되는 점입니다.

06 　여섯 번째 수업

1 무한 개념의 새로운 이해입니다. 아폴로니우스의 새로운 원의 정의에 의하면 '두 정점으로부터 거리의 비가 1:1인 원'은 두 정점을 1:1로 내분하는 점과 외분하는 점을 지름이 양끝으로 하기 때문에 빈지름이 '무한대'인 원이고, 그것은 실질적으로 두 정점을 잇는 선분을 수직으로 이등분하는 '직선'을 의미합니다.

2 그 이유는 천문학과 관련이 있습니다. 정밀한 천문학에 대한 요구는 지역과 신분을 가리지 않는데, 그에 따라 자연스럽게 삼각법도 발전했습니다. 그리고 당시 절실하게 필요했던 삼각법은 정확한 표의 계산과 작

성에 집중된 것이어서 대수적 발전도 같이 요구되었기 때문입니다.

3 호도법이란 실용적인 목적일 때가 아닌 이론적인 목적일 때, 원의 중심각을 말하는 근원적인 방법입니다. 호도법은 호의 길이가 반지름의 길이와 같을 때, 부채꼴의 중심각을 1로 잡는 방식입니다. 이때 단위는 '도'가 아닌 '라디안'입니다. 호도법이 필요한 이유는 원주율이 연산에 개입된다면 어차피 호도화시켜야 하므로 처음부터 호도법을 사용하는 것이 편리하기 때문입니다.

07 　일곱 번째 수업

1 비에트의 방식은 파이를 대수적 연산으로 구성된 무한수열로 나타내어 최초의 해석학적 시도를 했다는 데 큰 의의가 있습니다. 그러나 제곱근을 계산하는 일이 무척 성가시고 수렴하는 속도도 느리다는 한계가 있습니다.

08 　마지막 수업

1 월리스의 식은 비에트의 것과 비교해보면 계산 상의 장애가 되는 제곱근이 사라진 형태입니다. 유리수만의 수열로 나타냈다는

점에서 역사상 최초의 원주율 식이라는 빛
나는 가치를 가집니다.

2 컴퓨터의 성능이 발달함에 따라 파이의 기
나긴 소수 행렬은 역으로 연산 능력의 테스
트에 필수적인 값입니다. 또한 길면 길수록
좋은 암호의 무작위 열쇠 숫자로도 제격입
니다.